电气工程概论

（第2版）

主　编　董志明　雷永锋　曹政钦

副主编　严　利　孙莉莉　马泽菊　苏　渊

主　审　张海燕

重庆大学出版社

内 容 提 要

本书是针对应用型本科院校电气工程及其自动化等专业编写的一本专业导论性教材。共分为5章,第1章介绍电气工程学科的内涵及发展史,并从如何培养应用型本科人才的角度介绍了培养的目标及方案。第2章为电机与电器技术应用及发展新技术,从电机的分类入手介绍了发电机、变压器、电动机及特种电机;同时介绍了高低压电器的分类及电气控制技术的发展新方向。第3章为电力系统及其自动化应用及发展新技术,从电力工业的发展入手,介绍了如下的内容:电力系统组成、发电厂分类、输配电系统、变电站分类以及供配电技术的相关内容,并讲述了电力系统自动化方向发展的新技术。第4章为电力电子与电力传动,阐述了电力电子器件的原理,电力电子变流技术以及电力传动技术。第5章为高电压与绝缘应用及发展新技术,概括了绝缘材料、绝缘介质及绝缘测试实验等相关内容,并重点介绍了这些成熟技术的应用现状及发展的新方向。

本书可作为应用型本科类院校以及高职高专院校电气类专业的教材,也可作为非电气行业初学者、部分电气从业人员的岗前培训教材和学习参考书。

图书在版编目(CIP)数据

电气工程概论/董志明,雷永锋,曹政钦主编. --
2版. --重庆:重庆大学出版社,2022.8(2024.8重印)
高等学校电气工程及其自动化专业应用型本科系列教材
ISBN 978-7-5624-9037-1

Ⅰ.①电… Ⅱ.①董… ②雷… ③曹… Ⅲ.①电气工程—高等学校—教材 Ⅳ.①TM

中国版本图书馆 CIP 数据核字(2022)第 140882 号

电气工程概论
(第2版)

主 编 董志明 雷永锋 曹政钦
副主编 严 利 孙莉莉 马泽菊 苏 渊
主 审 张海燕

责任编辑:范 琪 版式设计:范 琪
责任校对:邹 忌 责任印制:张 策

*

重庆大学出版社出版发行
出版人:陈晓阳
社址:重庆市沙坪坝区大学城西路 21 号
邮编:401331
电话:(023) 88617190 88617185(中小学)
传真:(023) 88617186 88617166
网址:http://www.cqup.com.cn
邮箱:fxk@ cqup.com.cn(营销中心)
全国新华书店经销
重庆市远大印务有限公司印刷

*

开本:787mm×1092mm 1/16 印张:11 字数:229千
2015 年 7 月第 1 版 2022 年 8 月第 2 版 2024 年 8 月第 7 次印刷
印数:9 606— 11 605
ISBN 978-7-5624-9037-1 定价:39.00元

前 言
（第 2 版）

本书是在高等学校电气工程及其自动化专业应用型本科系列规划教材《电气工程概论》2015 年第 1 版的基础上进行修订。

随着信息技术、互联网技术在电气领域的应用，电气技术发展日新月异，用人企业对高校毕业生的要求也越来越高。了解电气技术前沿领域，深刻认识本学科知识体系，对于新入学的大学生来说特别重要。本教材就在基于这样的目的编写。从本书第 1 版使用情况来看，弥补了很多高校关于电气工程及其自动化等专业引导课程教材的空缺，通过导论性课程的学习，使本专业新入学的学生明确学习目标，为后续专业课程的学习打下良好的基础。这也为培养电力系统、电力电子与电力传动、供配电技术和工业控制等方向的应用型人才做好铺垫。

本次修订工作主要更新了最近几年电气工程领域最新的成果，使教材与时俱进。增加和删减了部分内容，使知识结构更加完善。

本书共分为 5 章。第 1 章介绍电气工程学科的内涵及发展史，并从如何培养应用型本科人才的角度介绍了培养的目标及方案。第 2 章为电机与电器技术应用及发展新技术，从电机的分类入手介绍了发电机、变压器、电动机及特种电机；同时介绍了高低压电器的分类及电气控制技术的发展新方向。第 3 章为电力系统及其自动化应用及发展新技术，从电力工业的发展与现状入手，内容包括电力系统组成、发电厂分类、输配电系统、变电站分类以及供配电技术，并讲述了电力系统自动化方向发展的新技术。第 4 章为电力电子与电力传动，阐述了电力电子器件的原理，电力电子变流技术以及电力传动技术。第 5 章为高电压与绝缘应用及发展新技术，阐述了绝缘材料、绝缘介质及绝缘测试实验等相关内容，并重点介绍了这些成熟技术的应用现状及发展的新方向。

在本次修订工作中，第 1 章由重庆科技学院董志明、曹政钦、严利完成,第 2 章由重庆电力高等专科学校马泽菊、李媛完成,第 3 章由成都理工大学工程技术学院雷永锋、李兴红完成,第 4 章由成都理工大学工程技术学院孙莉莉、李自成完成,第 5 章由重庆电力高等专科学校苏渊、伍家洁完成。全书由雷永锋、孙莉莉统稿,张海燕主审,重庆市区供电公司变电运检中心肖波、张洪涛、罗李参与了本次修订工作,相关学校同仁提出了不少改进意见,在此表示感谢。此外,在编写过程中引用了若干参考文献及互联网上的一些素材,编者们在此谨向文献的作者与网络素材提供者致谢。

本书图片丰富,内容实用,涵盖了电气工程学科的大部分内容。为了方便教师授课与学生学习,本书配备有电子课件。有需要的读者可以在重庆大学出版社网站免费下载(http://www.cqup.com.cn)。

限于作者的能力有限,本书的结构体系和内容取舍不一定完全合理,书中难免存在疏漏之处,恳请广大师生和读者批评指正,在此预致谢意!

编　者

2022 年 5 月

前言
（第1版）

随着社会的发展,现在对大学生的知识结构和能力提出了新的要求。对学生的培养已从以知识传授为中心向身心全面发展转变,从应试教育向素质教育转变,从强调知识积累向注重创新能力培养转变。随着电力系统的高速发展,电力行业需要大量具有电气类专业背景的技术人才,这为高等学校电气专业的建设和发展提供了良好的机遇。学校应该从课程实际出发,尽可能培养出密切结合电力工业的特点,满足行业建设、运行和发展的应用型高级技术人才。

电气工程专业正是由于专业应用性强、各行业需要人才多而成为热门学科。为拓宽学生视野,使其在进入专业课学习之前,对电气工程学科有一个宏观认识和整体了解,需要开设"电气工程概论"课程。本书的目的,就是在针对现在应用型本科人才的基础上,按照厚实基础、重视专业、强化实践、拓宽视野的基本原则制订培养方案,在课程内容中加强对生产实际的针对性,提高学生对新技术发展的敏感性,保持思想教育的连续性,培养出基础雄厚、专业扎实、技术过硬、品德优秀的高素质应用型专门人才。另外,本课程作为新生入学后的第一门课程,通过对电气学科后续相关课程总体的认识和学习,激发学生的学习兴趣和积极性,为后续课程垫定良好的基础。

本书共分为5章。第1章介绍电气工程学科的内涵及发展史,并从如何培养应用型本科人才的角度介绍了培养的方案及目标。第2章为电机与电器技术应用及发展新技术,从电机的分类入手介绍了发电机、变压器、电动机及特种电机;同时介绍了高低压电器的分类及电气控制技术的发展新方向。第3章为电力系统及其自动化应用及发展新技术,从电力工业的发展入手,大致介绍了如下内容:电力系统组成、发电厂分类、输配电系统、变电站分类以及供配电技术,并最终讲述了电力系统自动化方向发展的新技术。第4章为电力电子与电力传动,阐述了电力电子器件的原理,电力电子变流技术以及电力传动技术。第 5 章为高电压与绝缘应用及发展新技术,概括了绝缘材料、绝缘介质及绝缘测试实验等相关内容,并重点介绍了这些成熟技术的应用现状及发展的新方向。

本书第 1 章由重庆科技学院董志明、张海燕编写,第 2 章由重庆电力高等专科学校马泽菊、李媛编写,第 3 章由成都理工大学工程技术学院雷永锋、李兴红编写,第 4 章由成都理工大学工程技术学院孙莉莉、李自成编写,第 5 章由重庆电力高等专科学校苏渊、伍家洁编写。全书由董志明、张海燕统稿。在编写过程中,相关学校电气工程系的许多同仁提出了不少改进意见,在此表示感谢。此外,在编写过程中曾引用若干参考文献及互联网上的一些素材,编者们在此谨向文献的作者与网络素材提供者致谢。

本书图片丰富,内容实用,涵盖了电气工程学科的大部分内容,并提供电子课件。限于作者的能力有限,本书的结构体系和内容取舍不一定完全合理,书中难免存在疏漏之处,恳请广大师生和读者批评指正。

编　者

2015 年 3 月

目录

第 **1** 章
绪 论

人类发展的任何时候都离不开能源,而能源是人类永恒的研究对象,电能则是利用最为方便的能源形式,以电能为研究对象的电气工程及其自动化专业有着十分强大的生命力。电气工程(Electrical Engineering)是研究电磁领域的客观规律及其应用的科学技术,是以电工科学中的理论和方法为基础而形成的工程技术。正因为电气工程的发展,才有今天庞大的电力工业,人类才不可逆转地进入了伟大的电气化时代。

传统的电气工程定义为用于创造产生电气与电子系统的有关学科的总和。21 世纪的电气工程概念已经远远超出这一范畴。如今,电气工程涵盖了几乎所有与电子、光子相关的领域。电气技术的发展程度直接体现了一个国家的科技发展水平,因此,电气工程的教育和科研在发达国家大学教育中始终占据重要地位。

电力工程及其自动化学科涉及电力电子技术、计算机技术、电机电器技术信息与网络控制技术、机电一体化技术等诸多领域,是一门综合性较强的学科。电气工程及其自动化专业范围主要包括三大部分:电工基础理论、电气装备制造和应用、电力系统运行和控制。电气工程及其自动化专业的基础性也决定了它具有很强的学科交叉和融合能力。

1.1 电气工程及其自动化专业发展现状

人们对电现象的初步认识很早就有记载,早在公元前 585 年,古希腊哲学家塞利斯,已经发现了摩擦过的琥珀能吸引碎草等轻小物体。我国在东汉时期的王充在《论衡》一书中提到"顿牟掇芥"等问题,所谓顿牟就是琥珀,掇芥意即吸引籽菜,就是说摩擦琥珀能吸引轻小物体。

1752 年,美国科学家富兰克林著名的"风筝实验"为人类解开了电的神秘面纱(图 1.1)。电在自然界中的存在,也为电气工程的发展与研究奠定了基础。

图 1.1　富兰克林风筝实验

1.1.1　电气工程的历史和形成

19 世纪初期,电流的磁效应、电磁感应定律相继被外国科学家发现。19 世纪中后期,麦克斯韦发现的电磁理论让电气工程的理论基础趋于完善。19 世纪末 20 世纪初西方发达国家陆续将电气工程专业植入大学课程,这是电气工程专业最早出现的地方。

200 多年来,人类进步和文明的发展都围绕着一个核心,这就是电气工程技术的进步和发展。从 1800 年第一台伏打电池出现,1872 年西门子发明第一台转子发电机,1888 年特斯拉发明第一台感应电动机,1891 年第一条三相交流输电线路以及三相交流发电机,三相交流发电机和变压器的相继发明和使用,到 1904 年二极电子管、1906 年三极电子管、1940 年第一台模拟电子计算机,直至 1971 年第一块微处理器相继出现和大量生产。人类经历了电的发展和应用,电子管到大规模集成电路、运算放大器到计算机技术应用普及三大重要历程。如今,电气工程技术、计算机技术已经渗透到了各个学科领域。随着电子科学技术、通信技术等的发展,电气工程技术已经在各行业扮演了越来越重要的角色,同时也在人民生活中起着举足轻重的作用,占据非常显赫的位置。电气化的程度已经成为衡量一个国家、一个地区、一个城市是否发达和先进的标志之一,并且发挥着越来越大、越来越重要的作用。

我国从 20 世纪初开始在高等院校设置电气工程专业,1908 年南洋大学第一次设置电气工程专业,1932 年清华大学建立机电系。到 20 世纪中期,我国陆续开展电气工程专业,也逐步将电气工程纳入国家重点科研项目,大力培养相关人才。20 世纪末期,因特网互联世界,电气工程不再是单纯的电气工程,而是一项与计算机信息技术相互交叉的一门前沿学科。进入 21 世纪后,电气工程及其自动化发展迅猛,成为涉及人类生活最广的一门学科。截至 2019 年底,全国高校开设电气工程及其自动化专业的院校有 699 所。

1.1.2 电气工程的理论基础及实践

(1)电磁学理论的建立及通信技术的发展

大自然中的雷电使人类对电有了最早、最朴素的认识,天然磁石吸铁是人类对磁现象的最早观察。然而,人类对电磁现象的研究始于 16 世纪的英国。1663 年,德国科学家盖利克发明了摩擦起电的仪器;1729 年,英国科学家发现电荷可以通过金属传导等。这些都是人类对电的早期实验,之后又出现了一系列具有里程碑意义的发现与发明。

1)库仑定律

1785 年,法国物理学家库仑通过扭秤测量静电力和磁力总结出:两个电荷之间的作用力与它们间距离的平方成反比,与它们所带电荷量的乘积成正比。这就是著名的库仑定律。这一发现的历史意义在于它标志着人类对电磁现象的研究从定性阶段进入了定量阶段。

2)"伏打电池"

1799 年,意大利物理学家伏特经过反复实验发现把任何潮湿物体放到两个不同金属之间都会产生电流。一年后,伏特发明了世界上第一个电池。自此,人类对电的研究由静电扩大到了动电,开辟了电学研究的新领域。

3)电流的磁效应和安培右手定则

1820 年,奥斯特偶然发现通电铂丝周围的小磁针发生轻微晃动,之后他经过反复实验证实了这一发现。其后,安培进行了更深入的研究,提出了右手定则,发现了电流方向与磁针转动方向之间的关系。安培还通过实验发现了两个通电导体和两个通电线圈之间相互作用的规律,从而奠定了电动力学的基础。

4)法拉第发现电磁感应

英国科学家法拉第是第一个成功完成磁生电实验的人,并归纳出产生感应电流的五种情况:一是变化着的电流;二是变化着的磁场;三是运动的稳定电流;四是运动的磁场;五是在磁场中运动的电线。法拉第把这一现象叫做"电磁感应"。电磁感应的发现使生产电成为可能,至今,发电机、电动机、变压器都是运用电磁感应原理工作的。

5)麦克斯韦建立电磁场理论

英国数学家、物理学家麦克斯韦总结了前人的一系列成果,用数学方程式表示电磁场,建立了完整的电磁理论体系,揭示了光、电、磁本质上的统一,并预言了电磁波的存在。1873 年,他出版了电磁场理论经典著作《电磁学通论》,这是里程碑式的自然科学理论巨著。

任何科学发明与发现都是许许多多的科学家不懈努力的成果,德国物理学家欧姆、高斯、赫兹,美国物理学家亨利,俄国物理学家楞次等都为电磁理论的形成作出过贡献,本书不再一

3

一列举。

电磁理论的建立为揭示无线电通信的发展奠定了基础。19世纪,通信技术取得了突破性成果,先后发明了有线电报、有线电话和无线通信。

（2）电工技术的初期发展

人类社会发展历程中经历了三次工业革命,对人类的进步起到了巨大的作用。第一次工业革命是从18世纪中叶到19世纪中叶,以瓦特发明的蒸汽机为标志,以机械化为特征,中心在英国;第二次工业革命是从19世纪后半期到20世纪中叶,以工业生产电气化为主要标志,其成果是电力、钢铁、化工"三大技术"与汽车、飞机和无线电通信"三大文明",其中心在美国和德国;第三次工业革命是从20世纪中叶到21世纪初,以社会生产、生活信息化为特点,又叫新技术革命。第二次工业革命就是从电工技术初创和应用开始的。

1）直流发电机的诞生

1831年,英国物理学家法拉第发明了世界上第一台发电机——圆盘发电机(图1.2)。这个圆盘发电机结构虽然简单,但它却是人类创造出的第一个发电机。现代世界上产生电力的发电机就是从它开始的。1832年,法国科学家匹克斯发明了世界上第一台直流发动机。1866年,西门子发明了自激式励磁直流发电机。1870年,格拉姆发明了实用自激直流发电机,结构可靠,电流稳定,输出功率大,被各国广泛采用作为照明灯电源。

图1.2　法拉第发明的圆盘直流发电机

2）远距离输电和电力工业技术体系的初步建立

1875年,法国巴黎火车站建成世界上最早的一座火力发电厂。爱迪生不仅发明了灯泡,他还在1882年建立了美国第一家直流发电厂,装有6台直流发电机,通过电缆输送照明用电,不过当时的最大输送距离只有1.6 km。之后爱迪生还建立了一座水电站,形成了电力工业体系的雏形。

3）交流发电机电荷电动机的诞生

1876—1878年,俄国人亚布洛切科夫成功试验了单相交流输电技术。1885年,英国工程师菲尔安基设计的第一座交流单相发电站建成。同年,美国人威斯汀豪率领的团队完成了交流发电、供电系统,并创建了交流配电网。1883 年,塞尔维亚裔美籍电气工程师尼古拉·特斯拉发明了世界上第一台感应电动机,5 年后他又发明了两相异步电动机和交流电传输系统。1888 年,俄国工程师德布罗夫斯基和德尔伏发明了三相交流制。1891 年,德国安装了世界上第一台三相交流发电机,并建成了第一条三相交流输电线路。自此,三相异步电动机得到了广泛应用,电能逐步取代了蒸汽成为动力源,电力工业得到了迅速发展。

(3)电工理论的建立

1)电路理论的建立

关于电路的早期研究有:1778 年,伏特提出了电容的概念,给出了导体上储存电荷的计算方法 $Q = CU$;1826 年,欧姆发表了欧姆定律;1831 年,法拉第提出了电磁感应定律;1832 年,亨利提出了磁通量计算公式。

1845 年,德国物理学家基尔霍夫提出了关于任意电路中电流、电压关系的基本定律:电流定律(任意时刻电路中任何一个节点的各条支路电流的代数和为零);电压定律(任何时刻电路中任意一个闭合回路的各元件电压的代数和为零)。这两个定律发展了欧姆定律,奠定了电路系统分析的基础。

1853 年,英国物理学家汤姆逊推导出了电路振荡方程,得出了莱顿瓶发电过程中电流在反复振荡且不断衰减的结论,并计算出振荡频率与 R、L、C 参数之间的关系,奠定了动态电路分析的基础。1855 年,汤姆逊还建立了长距离电缆的等效电路模型。

1893 年,美籍电气学家施泰因梅茨提出了计算交流电路的方法——"相量法",实用易懂,至今在分析正弦交流电路时依然沿用此法。

其间,赫尔姆霍兹提出的等效发电机原理、基尔霍夫建立的长距离架空线路发布参数电路模型、亥维赛德找出的求解电路暂态过程运算法、傅立叶用数学方法建立的热传导定律等,都对电工理论的丰富和完善起到了重要作用。

2)电网络理论的建立

通信技术的兴起推动了电网络理论的发展。1924 年,福斯特给出了电感和电容二端网络的电抗定理,建立了由给定频率特性设计电路的电网络理论。

1945 年,美国科学家伯德总结出了分析线性电路和控制系统的频域分析方法。1953 年,梅森创建了采用信号流图分析复杂回馈系统的方法,并被广泛应用。20 世纪 50 年代,美国科学家达默制成了第一批集成电路,从此电路理论中增加了对含源器件的电路分析和综合。20 世纪 70 年代,在 L. O. Chua 等科学家的努力下,器件建模理论日趋完善。20 世纪中期,电子计算机的出现使电网络的计算机辅助分析和设计成为电路理论研究中的基本手段。

（4）新技术革命对电气工程技术的推动

20 世纪中叶开始的第三次技术革命又称为新技术革命，以核能、宇航和电子计算机这三大技术为主要标志。这个时期的主要理论是信息论、系统论和控制论。这三大理论的创立为通信工程技术和现代科学技术的研究提供了全新的科学方法。

1）计算机的升级换代对电气工程技术的推动

自 19 世纪第一台电子计算机问世以来，经过几十年的发展，计算机给人类社会带来了翻天覆地的变化，人类社会从此走进了信息时代。1952 年问世的第一代计算机使用的是真空电子管，不仅体积巨大，而且耗电量惊人。1959—1963 年生产的第二代计算机用晶体管替代了真空电子管，大大提高了运算速度，减少了耗电量，减小了体积，运用在了军事和科研领域。1964—1970 年生产的第三代计算机用集成电路替代了晶体管，不仅极大地提高了运算速度而且降低了成本，计算机开始进入普及阶段。1971 年至今生产的第四代计算机使用了超大规模集成电路，实现了计算机网络化，计算机普及到了个人。计算机的升级换代推动了控制技术的发展，形成了计算机管理生产系统，提高了生产效率和产品质量。

2）电子信息技术的发展

电子信息技术是计算机技术和电信技术相结合而形成的技术手段。20 世纪，通信技术得到了迅猛发展，人类社会生活也由此发生了巨大变革，人类从此进入信息时代。

1920 年，人们发现电离层对无线电短波有反射作用。1935 年，人们发现了雷达并广泛应用于军事和民用通信领域。1964 年，美国发射了第一颗地球同步静止轨道通信卫星，突破了大气层对无线电波的屏蔽，实现了宇宙范围的无线电通信。20 世纪 70 年代，计算机网络系统的建立使人们开始通过互联网获取信息。20 世纪 80 年代以后，寻呼机和移动电话逐步得到广泛使用，现今信息服务业已成为世界上发展最快的新兴行业之一。

电气工程技术发展史再次印证了这样两个真理：一是任何理论的创立和技术的进步都要靠众多科学家甚至一代代人的不懈努力而实现，特别是在学科相互融合交叉的今天；二是科学技术的每一次重大突破都会导致生产力的跨越式发展和人类社会的巨大进步，科技是第一生产力，创新是社会发展的推动力。

1.1.3　电气工程专业形成及发展现状

传统的电气工程定义为"用于创造产生电气与电子系统的有关学科的总和"。这一定义本来已经十分宽广，但随着科学技术的飞速发展，21 世纪的电气工程概念已经远远超出了上述定义的范畴。由于电气工程领域知识宽度的巨大增长，要求重新检查甚至重新构造电气工程的学科方向、课程设置及其内容，以便使电气工程学科能有效地回应社会的需求和科技的进步。

　　随着社会的发展和科技的进步,技术密集型企业大量涌现,对员工素质提出了新的要求,高级应用型人才成为产业技术革新和转型升级主导力量。应用型本科教育是以高级应用为目的的专业性通才教育,以现代工程师为培养目标,是学历教育和素质教育的统一。应用型本科教育在组织形式、育人机制及经费来源上应与社会高度联合,在人才培养过程和模式上应高度重视和企业的高度融合。

　　良好的实践教学体系是应用型本科培养学生分析问题和解决问题能力的重要保障,从广义上讲,电气工程学科涵盖的主要内容是研究电磁现象的规律及应用有关的基础科学、技术科学及工程技术的综合。这包括电磁形式的能量、信息的产生、传输、控制、处理、测量及其相关的系统运行、设备制造技术等多方面的内容。19 世纪末,电工科学技术已形成了电力和电信两大分支。进入 20 世纪以后,电工科学技术的发展更为迅速,应用电磁现象的技术门类日益增多,发展和形成了许多独立的学科,如无线电技术、电子技术、自动控制技术等。电工学科技术通常主要是指电力工程及其设备制造的科学技术。

　　目前,大多院校的电气工程及其自动化专业中,电气工程一级学科中下属 5 个二级学科,分别是电机与电器,电力系统及其自动化,高电压与绝缘技术,电力电子与电力传动,电工理论与新技术。

　　(1)电机与电器

　　电机与电器学科包括:电力系统中的大型发电机、电动机,有着广泛应用的中小型电机。前者侧重于运行分析、建模仿真及监测诊断,后者侧重于理论分析、设计方法及现代节能控制技术。就电力工业本身而言,电机就是发电厂和变电站的主要设备,它在轻、重型制造工业中应用广泛。可以说,只要涉及电机的场所都能看到该学科的研究成果。该专业毕业生可在电力系统相关单位从事大型电机运行分析、监测控制或故障诊断等相关技术工作,也可在其他行业从事电机设计及运行控制和节能技术开发工作,还可在相关科研单位、高等学校从事科研及教学工作,或从事与电机及其运行控制相关的管理工作。

　　(2)电力系统及其自动化

　　电力系统及其自动化学科涉及电力生产的全过程(包括发电、输电、配电、用电等),其研究内容衍生的各项技术成果广泛应用于发电厂、变压器、输电线路和配电装置中,涉及控制、优化、经济、稳定等多项指标。除了涉及电气工程相关知识外,该专业对自动化、测量、计算机、通信等技术也有较高要求。该专业是目前电气工程相关学科中研究生报考最热门的一个,竞争比较激烈,特别是该学科优势明显的院校,录取比例更低。该专业对掌握电气工程的基础知识要求更高,此外还要求该专业学生加强对电路理论、控制理论、信号与系统理论等基础理论的学习和应用。

（3）高电压与绝缘技术

高电压与绝缘技术学科主要运用于电力系统防雷保护设计、绝缘子在线监测、防污闪、水果保鲜、真空断路器设计、脉冲储能技术及军工产品等,其研究内容与多个学科交叉,如脉冲与等离子方向、超导技术方向、自动化方向等。该专业毕业生可在电力系统、电工制造和技术物理等领域从事高电压、强电流技术、绝缘技术、放电应用技术、过电压防护技术、电磁兼容技术等方面的研究,或成为从事设计、制造、运行工作的高级工程技术人才。如今,高电压这一传统专业,显现出前所未有的生机,可谓"老树发新枝"。但是与电力系统及其自动化专业相比,该专业相对冷门,竞争强度不大,录取比例接近1:1。传统高电压技术是一门试验型学科,实践在研究工作中占有相当比例。但是近年来高压专业有向基础理论研究和计算机模拟仿真方向发展的趋势,试验平台的建设离不开自动控制和电力系统自动化方面的专业知识。

（4）电力电子与电力传动

电力电子与电力传动专业在各级工业、交通运输、电力系统、新能源系统、计算机系统、通信系统以及家电产品等各个领域都有广泛应用,如航天飞行器中的特种电源、远程特高压电压传输系统,家用空调、冰箱和计算机电源,都离不开电力电子及电力传动技术。电力电子技术在输电网中的应用——直流输电已是较为成熟的技术,可控串补、静态无功发生装置等技术也正在快速发展中,电力电子技术应用于配电系统则是近年来随着电力用户对电能质量要求的提高而发展起来的,前景光明。因此,该专业毕业生的就业领域非常广泛,各级电力系统都急需这方面的人才。

（5）电工理论与新技术

电工理论与新技术学科主要从事电磁现象的基础理论研究及新技术的开发与应用,为电气工程学科准备必要的理论基础。该学科是电气工程一级学科下的二级学科,主要从事电磁现象的基础理论研究及新技术的开发与应用,电磁能量和电磁信息的处理,控制与利用为目的基础,衍生各类高新技术,如强磁场和磁悬浮技术、脉冲功率技术、电磁兼容技术、无损检测与探伤技术、新型电源技术、大系统的近代网络理论与智能算法应用技术等,而且与其他学科交叉、融合,发展形成多种新技术,如电磁环境保护技术、生物电磁学技术等,并成为边缘学科和交叉学科的生长点。该学科为电气工程学科准备必要的理论基础,对电气工程学科的发展和社会进步,对高级科技人才的培养具有重要的学术和技术支撑作用。

电气工程学科涵盖的主要内容有:电机与拖动技术;发电厂一次、二次设备及主接线,电力网动态及稳定性,电力系统经济运行,电力系统实时控制,电能转换;高压电器,高电压测试技术,过电压防护;电力电子器件,电力电子装置,电力传动;电网络理论、电磁场理论及其应用,信号分析与处理,电力系统通信与网络,电力信息技术,计算机科学与工程等。

随着基础理论研究的逐步深入,科学技术的不断进步,全新的设计理念、设计方法的提出,在今后若干年内,它们会对电气工程学科的发展趋势产生较大的影响。

①信息技术的进步将对电气工程学科的发展产生决定性影响。信息技术广泛的定义是包括计算机、世界范围高速宽带计算机网络及通信系统,以及用来传感、处理、存储和显示各种信息等相关支持技术的综合。信息技术对电气工程的发展具有特别大的支配性影响。信息技术持续以指数速度增大,在很大程度上取决于电气工程中众多学科领域的持续技术创新。反过来,信息技术的进步又为电气工程领域的技术创新提供了更新、更先进的工具基础。

②电气工程学科与物理科学的相互交叉面拓宽,将为电气工程学科的发展带来新的机遇。由于三极管的发明和大规模集成电路制造技术的发展,固体电子学在 20 世纪的后 50 年对电气工程的发展起到了巨大的推动作用。电气工程与物理科学间的紧密联系与交叉仍然是今后电气工程学科发展的关键,并且将拓宽到生物系统、光子学、微机电系统等领域。21 世纪中某些最重要的新装置、新系统和新技术将来自这些领域。

③快速变化的新技术、新方法将成为电气工程学科提供更科学的技术方案。工程技术的飞速进步和分析方法、设计方法的日新月异,使得我们必须每隔几年就要对工程问题过去的解决方案重新进行全面思考或审查,力求寻找更科学、更有效的工程技术方案。这对高等院校如何设计电气工程及其自动化专业的课程体系,如何制订教学计划、培养目标,都有很大的影响。

电气工程学科注重理论研究与工程实践相结合,加强理论基础,拓宽专业知识面。随着电气工程科技进步和自动化水平的提高,电气工程学科专业技术人才必须掌握信息技术、自动化技术和计算机技术。

1.2 应用型本科院校电气专业的人才培养目标及条件

应用型本科院校以培养学生实践创新能力为目标,对电气工程及其自动化的课程体系和培养计划进行深入研究,构建和实施以"通识教育为基础的宽口径专业教育"的课程体系。该课程体系应遵循"以'学生为本',实现'知识、能力、人格'协调发展和综合提高"的原则,加强通识教育与基础教育,拓宽学科基础,凝练专业特色,重视培养学生的综合素质和能力。低年级主要在通识教育和基础课程平台上培养,高年级应按学生兴趣选择专业或专业方向,主要在专业学科基础课程和专业特色课程平台上培养,使同类各专业学生能做到交叉通融,扩大学生的学习自主权,激发学生学习的积极性、主动性和创造性。推动课程教学方法的改革,形成多种适合培养工科学生创新能力的启发引导教学法,如围绕"问题"展开的教学法、启发式教学法、探究讨论法、案例教学法、现场教学法;全面实施课程、教材、专业和教学团队建设。

1.2.1 人才培养条件

应用型本科院校培养的学生大多以注重实践能力的工程师为主要目标。工程师在电气工程及其自动化工程项目整个实施过程中起着决定成败的重要作用,他们是工程指挥者、组织者、实施者,是工程的中流砥柱。

在工程中,工程师应该做到:熟读和掌握工程设计图样和设计文件;编制施工组织设计并付诸实施;向施工人员技术交底,把设计图样存在的缺陷、不足反映给设计单位;解决工程中出现的技术难题及质量和安全事故;监督和监管工程的运行维护,引进新技术、新设备,并在技术上创新。

针对以上分析,我们可以将应用型本科院校中电气工程专业建设内容归纳为:

（1）**办学理念和专业建设观念的更新**

办学理念和专业建设观念是特色专业建设的指导思想,影响着特色专业建设的方向、进程和绩效。专业综合改革试点工程是一项涉及专业建设多方面的创新和变革的教学改革活动,必须首先在专业建设和教学理念上实现变革,更新传统的教学观念以适应这种教学改革的需要。

①进一步改革人才培养方案,构建符合对应用型高级技术人才要求的具有行业技术应用时代特色和专业特色的人才培养方案。其中,电气工程及其自动化专业根据原国家教委制定的"高等教育面向 21 世纪教学内容和课程体系改革计划"的目标,收集、比较和研究了大量国内外高等工程教育资料,提出了"工程类本科教育是通识与专业并重的专业教育""应用型人才培养应在知识、能力、素质诸方面协调发展,体现人才培养的综合性、复合性和应用性,并具有一定的创新意识"的人才培养模式改革指导思想。

②夯实工程基础,强化实践性教学。工程应用型本科人才的培养,不仅要强化实践能力,也要夯实工程基础。只有兼而有之,才能更好地筑成工程应用型人才的整体素质。尽管属于工程应用型范畴的技术实施型、工程管理型工程师,不像研究性、设计型工程师那样经常从事工程技术开发、工程基础研究工作,却经常需要在生产一线面临全新的设计、试验、制造和技术、工艺创新。这都是需要坚实的工程基础、充足的自我发展潜力。只有在校时夯实工程基础,学会学习,才能跟上科技进步和社会发展的步伐。

（2）**专业教学条件建设与实践教学建设**

建设实验室、实习和实训基地,推动和促进了本专业的硬件建设。要培养高等技术应用型人才,必须有良好的硬件设施和条件,这是形成工学专业教育应用型特色人才培养的物质基础。加强实验室建设和实训基地建设是专业建设的一项重要任务。现代工程师的成长,一般都要经历工程理论知识学习、工程实践训练和工程经验积累三个阶段。前两个阶段可由学校完成。应用型本科高校应该建设工程实践训练中心。这一中心应集综合性、创新性、先进性和可持续发展性为一体。

现代计算机技术和电子技术飞速发展,并迅速渗透到传统电气工程学科的各个领域,使得电气工程学科技术发生极大变化。社会对工程人才提出了新的要求,一方面要求其既要懂得生产技术和生产工艺;另一方面又要求其具备适应科学技术进步的能力,即应用型人才。应用型人才是指具有一定复合型和综合型特征的技术(包括经验技术、理论技术),能将专业知识和技能应用于从事专业的社会实践的一种专门的人才类型。

电气工程项目的设计在工程的全部过程中处于非常重要的地位,设计上的细微失误都会给工程带来重大的损失,安全性是工程中的重中之重。所以,在电气工程的设计中,必须保证先进性、稳定性、可靠性、灵敏性和安全性。电气专业也因此要与时俱进,不断发现新技术、新工艺、新设备、新材料,提高自身技术素质。

1.2.2 人才培养目标

电气工程专业主要特点是:强电与弱电结合,电力技术与电子技术结合,元件与系统结合,计算机软件与硬件结合。

依照教育部电气工程及其自动化专业教学指导分委员会的建议,电气工程专业本科生培养目标为:本专业培养能够从事与电气工程有关的电气装备制造、系统运行、自动控制、电力电子技术、信息处理、试验分析、研制开发、经济管理,以及电子与计算机技术应用等领域工作的宽口径、复合型高级工程技术人才。

培养要求:本专业学生主要学习电工技术、电子技术、信息控制、计算机技术等方面较宽广的工程技术基础和一定的专业知识。

电气工程专业具有鲜明的行业特色,立足于电力系统和电气装备制造,面向全社会,服务千家万户,培养德、智、体全面发展的高级专业人才。毕业生适应性强,就业面宽广,不但能够从事电力、电气设备制造行业内电气工程及其自动化领域相关的工程设计、生产制造、系统运行、系统分析、技术开发、教育科研、经济管理等方面工作,而且能够从事其他行业电气工程及其自动化领域相关工作。作为一门宽口径的基础性专业,具有该专业背景的学生可以轻松向电子信息、自动控制、建筑电气等相关行业转行,职业发展空间广阔。就业范畴举例如下:

①从事电力系统的设计、研发和运行管理等工作,这些单位主要有:国家电网、南方电网两大电网公司下属的各级电力公司和国家五大发电集团、中核集团、中广核集团等下属的各类发电厂;各级电力设计院、电力规划院;电力建设公司;各类电力技术专业公司;新能源发电企业;能源、航空、航天、冶金、有色、石化、船舶、电子、医药、机械、建筑等大中型企业的供电部

门或自备电厂。

②在电气设备制造企业、电力自动化设备公司、电力电子、通信等高新技术企业从事技术研发、管理和运营工作。

③在科研院所和大专院校从事科研和教学工作。

展望未来,我国电力工业和电工制造业将持续高速度发展,城乡电网改造、西电东送、南北互供和全国电网互联工程等向纵深发展,特高压输电、智能电网、高端设备制造、新能源、电动汽车等战略性新兴产业稳步推进,高等学校的电气工程教育和学科建设也将迎来跨越式发展的机遇。我国电气工程领域已经集聚了一大批最优秀的人才,我国必将成为世界电气工程高等教育、科学研究和技术开发的中心。

1.2.3 电气工程及其自动化专业毕业生应获得的知识和能力

(1)知识结构

①掌握较扎实的数学、物理、化学等自然科学的基础知识,具有较好的人文社会科学、管理科学基础和外语综合能力。

②系统地掌握电气工程及其自动化专业领域必需的较宽的技术基础理论知识,包括电工基础理论、电子技术、信息处理、控制理论、电力系统分析、计算机软硬件基本原理与应用等。

③获得较好的电气工程及其自动化专业工程实践实训,具有较熟练得计算机应用能力;具有电气工程及其自动化专业领域内1~2个专业方向的专业知识与技能,了解电气工程及其自动化专业学科前沿的发展趋势。

④具有较强的工作适应能力,具有一定的科学研究、科技开发和组织管理的实际工作能力。

学生主要掌握电工理论、电子学、控制理论、电机原理、电磁场理论、信号分析与处理、计算机软硬件等的基本原理与应用;掌握本专业领域必备的专业技术知识,主要包含发电技术、变电技术、输配电技术、电气传动与控制技术等,了解本学科与专业的理论前沿和发展动向相关的基础知识。

⑤掌握文献检索、资料查询的基本方法与技巧;掌握查阅与理解本专业行业标准与规范的基本知识;熟悉与本专业有关的外语相关知识。

(2)能力结构

①在获取知识能力方面,要求具有良好的语言表达能力、人际交往能力和一定的组织协调能力;具有资料查阅、信息获取、知识学习和调查研究的能力;具有理解本专业发展前沿的能力。

②在应用知识能力方面,具有电气工程及其自动化系统的分析能力,具有初步的系统设计能力;具有电气工程及其自动化领域较强的工程实践与应用能力;具有科学研究、实验检测、分析解决本专业工程实际问题的能力;具有熟练的计算机综合应用能力。

③在职业发展与创新能力方面,具有较强的自学能力和适应科技发展的应变能力;具有专业英语阅读、翻译涉外商务公文、商务英语会话的基本能力;具有一定的科学研究、科技开发和组织管理等实际工作能力。

（3）素质结构

①在政治思想素质方面,具有较高的思想道德素质,爱国爱党,有强烈的社会责任感,遵守社会公德;有诚实守信、遵纪守法、团结协作的良好职业道德素质。

②在文化素质方面,有一定的文化素养,有积极健康的审美情趣和艺术品位。

③在专业素质方面,具有灵活运用专业知识解决实际问题的思维素质;具有掌握电气工程及其自动化学科专业的相关技术与理论的科学研究方法和基本思路;具有良好的工程意识、实践意识和质量意识。

④在身心素质方面,具有体育锻炼的基本技能,达到大学生体育锻炼合格标准;具有良好的气质、坚强的意志、坚韧不拔的毅力;具有健康的情绪、正确的自我认识、良好的人际关系和健全的人格。

⑤在创新素质方面,具有良好的创新品质和创新思维意识,具有一定的知识创新能力和较强的技术创新能力。

1.2.4　电气工程及其自动化专业课程设置

本专业为 4 年制本科专业。毕业学分要求包括总学分要求及各教学环节的学分要求。课程平台由专业基础、专业教育和综合素质三部分有机组成。其中专业基础课程平台指专业基础课程;专业教育课程平台包括专业必修课程和专业选修课程两部分;综合素质课程平台则包括通识课程和公共选修课程。主要课程有:高等数学、大学物理、英语、电路原理、模拟电子技术、数字电子技术、单片机原理与应用、自动控制原理、电机、电力电子技术、电力系统分析、电气传动自动控制系统、电力系统继电保护等。专业必修课及部分专业选修课则见表1.1。

表 1.1　电气工程及其专业课程设置

公共基础课	专业基础课	专业必修课	专业选修课
军事训练	电气工程概论	电力电子技术	变频器原理与应用
军事理论	电气工程制图	工程电磁场	高电压技术
计算机基础	C 语言程序设计	自动控制原理	新能源与发电技术
高等数学	电路原理Ⅰ	供配电系统	电气信息技术
概率论与数理统计	电路原理Ⅱ	电力系统自动装置	电气安全
线性代数	模拟电子技术	电机与拖动	高低压电器
大学英语	数字电子技术	电力系统继电保护	信号与系统
马克思主义基本原理		电气传动技术	电能质量及控制技术
中国近代史纲要		电力系统分析	电气设备装调综合训练
形势与政策		控制电机	建筑电气技术
创新创业教育		单片机原理与应用	智能电网技术
大学物理		PLC 原理与应用	供用电技术
工程素质教育		发电厂电气部分	变电站综合自动化技术
体育		专业英语	电力市场
		自动控制课程设计	
		电气综合控制实训	

1.3　电气工程及其自动化专业未来发展趋势

电气工程及自动化工程有着广泛的发展前景,随着传感器技术、微机技术、机器人技术的普及和发展,随着风能发电、太阳能发电、核能发电、化学能及其他能源发电的开发和利用,电气工程及自动化工程必将有一个新的契机,这也是每个电气工作者发展的机遇。因此,无论是刚毕业的大学生,还是已经从事电气工程及自动化的电气工作者,都有着发展和创新的机遇。然而要想抓住这个机遇就必须不断去学习新技术、新工艺,去掌握新设备、新材料,只有这样,才能在这个发展的契机中立于不败之地。

电气工程及自动化工程的发展是全方位的、多方面的,主要有工厂自动化、电气设备及元件、通信系统、工业与民用建筑电气工程、自动控制系统以及在经济、国防、科研、教育等领域的应用等。

（1）**工厂自动化**

工厂自动化的发展主要是建立在计算机技术及推广应用方面,特别是机器人、机械手、智能控制等方面的硬件及软件系统。

①建立工厂自动化网络,主要是利用数据通信局域网把各个车间、生产线、供应系统之间连接起来,加上软件的支持,实现生产自动化。

②工厂自动化计算机,主要是使制造管理功能与综合控制功能一体化,同时使计算机辅助设计和计算机辅助制造在线化。

③工厂自动化控制器将广泛应用,它是实现上述技术的基本元件,使更大范围的群控系统化和系统微型组件化。

④可编程序控制器、机器人控制器、数字控制器将进一步提高控制功能,进一步智能化,加强与工厂自动化控制器的在线功能。低压电器、电动机及动力装置将在结构和应用上有更大进步,特别是控制接口上会有很大的突破。

⑤计算机辅助设计软件将广泛应用,使分析系统、分析要求、评价工具的通用化、多元化大大改进,进一步促进模拟技术的应用,使上述软件系统与软件结合,提高控制功能,提高产品质量。

（2）**智能控制及仿真控制**

随着计算机技术、传感器技术、自动控制技术的普及,智能控制及仿真控制将有很大的发展潜力。

①智能控制包括模糊控制和人工神经元网络非线性控制,都是建立在各种反馈系统上的控制。

②仿真控制是建立在矩阵变换计算、多项式运算、微积分等数学基础上的。仿真控制急需在开发、普及、推广上下工夫,特别是在与计算机系统接口以及解决元件、程序简化方面,其发展前景极其广阔,是控制领域的研究前沿。

（3）**新型电工电子功能材料**

它是电气工程及自动化中最重要的部分之一,在发展、革新的征途上总是领先于其他学科。

①电气绝缘材料包括绝缘涂料、绝缘胶、绝缘纸及薄膜、电工橡胶制品、电工塑料制品、层压制品、硬质云母版、绝缘陶瓷、玻璃及绝缘子等。

②半导体材料。

③磁性材料。

④光电功能材料。

⑤超导材料。

⑥电工合金材料。

⑦导线、电缆、电磁线、通信电缆与光缆等材料。

（4）**电气测量仪表和工业自动化仪表**

①电气测量仪表及微机技术的应用和拓展。

②工业自动化仪表及微机技术的应用和拓展。

（5）智能化开关设备

开关设备智能化，包括低压开关设备、高压开关设备及其辅助装置能与计算机网络及自动化技术直接接口，保证自动控制系统畅通无阻。智能化开关设备的开关、应用、运行方面的发展前景很大。

（6）工业与民用建筑电气工程

①节能建筑发展潜力很大。

②火灾报警与消防联动装置需要新产品开发。

③建筑物内网络、通信、电视需要新产品开发。

④智能建筑，包括防盗报警、智能控制等需要新产品开发。

⑤清洁能源在建筑工程中的应用。

（7）电热应用

电热应用主要包括电加工、电加热、电阻加热、电弧炉、感应炉等需要新产品开发和推广应用。

（8）通信及网络系统

通信及网络是现代科技发展的必然，是人们工作生活离不开的联络方式。有很多元件、接口装置及功能等需要新产品开发并推广应用。

（9）绿色清洁能源发电技术及应用

绿色清洁能源发电主要是指风能、太阳能、潮汐能。

（10）其他方向发展动向

电气工程及自动化总是领先并配合其他学科的发展，在今后将有更多的专业、学科与其配合、创造出更多的成果。在工程技术领域里，电气自动化永远都是先锋官、排头兵。

总之，21世纪高等教育的一个突出特征是从人的个性出发，充分调动人的创造力和潜能，才能适应知识经济时代对人才的需求。

思考题

1.1 电气工程的定义是什么？

1.2 电气工程及其自动化专业的二级学科有哪些？各有什么特点？

1.3 电气工程学科涵盖的主要内容有哪些？

1.4 电气工程及其自动化专业毕业生应该获得哪些方面的知识？

1.5 阐述一下你对电气工程及其自动化专业的认识。

第**2**章
电机与电器技术应用及发展新技术

电机是以电磁感应现象为基础实现机械能与电能之间的转换以及变换电能的机械,其原理基于电磁感应定律和电磁力定律。电机进行能量转换时,应具备能做相对运动的两大部件,即建立励磁磁场的部件和感生电动势并流过工作电流的被感应部件。这两个部件中,静止的称为定子,做旋转运动的称为转子(习惯上对直线运动的一边也称为转子)。定、转子之间有空气间隙,以便转子旋转(或往复运动)。

电磁转矩由气隙中励磁磁场与被感应部件中电流所建立的磁场相互作用产生。通过电磁转矩的作用,发电机从机械系统吸收机械功率,电动机向机械系统输出机械功率。建立上述两个磁场的方式不同,形成不同种类的电机。如果两个磁场均由直流电流产生,则形成直流电机;如果两个磁场分别由不同频率的交流电流产生,则形成异步电机;而如果一个磁场由直流电流产生,另一磁场由交流电流产生,则形成同步电机。

当电机绕组流过电流时,将产生一定的磁链并在其耦合磁场内存储一定的电磁能量。磁链及磁场储能的多少,随定、转子电流以及转子位置不同而变化。由此产生电动势和电磁转矩,实现机电能量转换。这种能量转换是可逆的,即同一台电机既可作为发电机又可作为电动机运行。

2.1 电机及其分类

电机是进行机电能量转换或信号转换的电磁机械装置的总称。从不同的角度,电机有不同的分类方法:

（1）**按照所应用的电流种类来分**

电机可以分为直流电机和交流电机。

（2）**按照在应用中的功能来分**

电机可以分为下列各类：

①将机械功率转换为电功率——发电机。

②将电功率转换为机械功率——电动机。

③将电功率转换为另一种形式的电功率，又可分为：

a. 输出和输入有不同的电压——变压器。

b. 输出与输入有不同的波形，如将交流变为直流——变流机。

c. 输出与输入有不同的频率——变频机。

d. 输出与输入有不同的相位——移相机。

④在机电系统中起调节、放大和控制作用的电机——控制电机。

（3）**按运行速度来分**

电机又可以分为：

①静止设备——变压器。

②没有固定的同步速度——直流电机。

③转子速度永远与同步速度有差异——异步电机。

④速度等于同步速度——同步电机。

⑤速度可以在宽广范围内随意调节——交流换向器电机。

（4）**按功率大小来分**

电机又可以分为大型电机、中小型电机和微型电机。

随着电力电子技术和电工材料的发展，出现了其他一些特殊电机，它们并不属于上述传统的电机类型，包括步进电动机、无刷电机、开关磁阻电机、超声波电机等。这些电机通常被称为特种电机。

2.2　发电机

发电机是将其他形式的能源转换成电能的机械设备，它由水轮机、汽轮机、柴油机或其他动力机械驱动，将水流、气流、燃料燃烧或原子核裂变产生的能量转化为机械能传给发电机，再由发电机转换为电能。发电机在工农业生产、国防、科技及日常生活中有广泛的用途。

发电机的形式很多，但其工作原理都基于电磁感应定律和电磁力定律。因此，其构造的一般原则是用适当的导磁和导电材料构成互相进行电磁感应的磁路和电路,以产生电磁功率,达到能量转换的目的。

发电机通常由定子、转子、端盖及轴承等部件构成。定子由定子铁芯、线包绕组、机座以及固定这些部分的其他结构件组成。转子由转子铁芯(或磁极、磁扼)绕组、护环、中心环、滑环、风扇及转轴等部件组成。由轴承及端盖将发电机的定子、转子连接组装起来,使转子能在定子中旋转,做切割磁力线的运动,从而产生感应电势,通过接线端子引出,接在回路中,便产生了电流。

发电机可分为直流发电机和交流发电机。交流发电机分为同步发电机和异步发电机(很少采用),交流发电机还可分为单相发电机与三相发电机。人们所用的交流电绝大多数是由交流发电机发出的。这些发电机都是接到交流电网上,它们必须以固定电角速度旋转,在任何时候都产生相同频率的交流电,这类电机称为同步发电机。

大型发电机主要是同步发电机,单机容量可达数十万千瓦。小容量发电机用于独立电源系统,如柴油发电机、风力发电机等。由于同步发电机需要励磁装置,在部分场合,如风力发电机,也可使用异步发电机进行发电。现代发电厂已经不再采用直流发电机,仅仅在一些特殊场合才用到小型直流发电机。

大型同步发电机的定子由硅钢片叠制而成,铁芯的槽内放置对称三相绕组。转子由铁磁材料制成,放置励磁绕组,励磁绕组经过滑环接入直流励磁电源。当发电机由原动机拖动旋转时,励磁绕组切割三相绕组导体,在绕组中产生感应电动势。由于定子绕组为对称三相绕组,感应出的电动势为对称的三相电动势。大型同步发电机的转子构造有两种类型:隐极式和凸极式。隐极式转子为圆柱形,发电机的气隙为均匀气隙,这类发电机多用于高速大容量汽轮发电机。凸极式转子多用于水轮发电机,这种发电机的转速较低,电机极数较多,转子通过轴与原动机连接。

2.2.1　汽轮发电机

汽轮发电机是由汽轮机驱动的发电机。由锅炉产生的过热蒸汽进入汽轮机内膨胀做功,使叶片转动而带动发电机发电。做功后的废气经凝汽器、循环水泵、凝结水泵、给水加热装置等送回锅炉循环使用,用于火力发电厂和核电厂,是同步电机的一种。由于原动机(汽轮机)转速很高,其转速一般为 3 000 r/min(频率为 50 Hz)。因此高速汽轮发电机为了减少因离心力而产生的机械应力以及降低风磨耗,转子直径一般较小,长度较大(即细长转子),以减小线速度。20 世纪 70 年代以后,汽轮发电机的最大容量达 130 万~150 万 kW。如图 2.1 所示,为火电厂中的汽轮机。

（a）火力发电厂

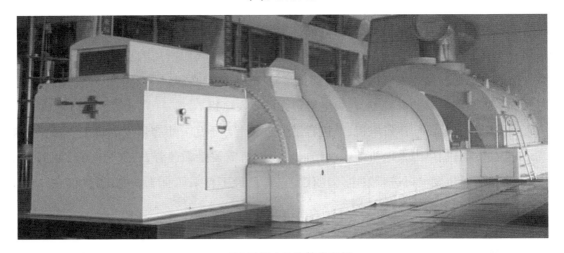

（b）运行中的汽轮发电机

（c）汽轮发电机的定子

（d）汽轮发电机的转子

图2.1 火电厂中的汽轮发电机

2.2.2 水轮发电机

水轮发电机是指以水轮机为原动机将水能转化为电能的发电机。水流经过水轮机时,将水能转换成机械能,水轮机的转轴又带动发电机的转子,将机械能转换成电能而输出。水轮发电机用于水力发电厂,是水力发电厂生产电能的主要动力设备。水轮发电机也是同步电机的一种。由于原动机(水轮机)转速较低,一般为几百转/分以下,因此水轮发电机的转子粗而短,以增加极数。机组的启动、并网所需时间较短,运行调度灵活,除一般发电外,特别宜于作为调峰机组和事故备用机组。目前,我国白鹤滩水电站水轮机组单机容量已达到 100 万 kW。我国发电容量最大的水力发电站——三峡电站总装机 26 台,单机容量 70 万 kW,如图 2.2 所示。

图 2.2　三峡发电厂的水轮发电机

2.2.3　风力发电机

风力发电就是通过捕风装置的叶轮将风能转换成机械能,再将机械能转换成电能的过程。风能是最廉价、最清洁、最有开发价值的新能源。风力发电机如图 2.3 所示。近十几年来,我国政府加快了风电的开发,还引进了国外生产的、技术先进的大型风力机,组建风电场,促进了我国风电事业的发展。

图 2.3　风力发电机

2.3 变压器

2.3.1 变压器概述

变压器是利用电磁感应的原理来改变交流电压的装置,是一种静止电机。变压器由铁芯(或磁芯)和线圈组成。线圈有两个或两个以上的绕组,其中接电源的绕组叫初级线圈,其余的绕组叫次级线圈。最简单的铁芯变压器由一个软磁材料做成的铁芯及套在铁芯上的两个匝数不等的线圈构成。铁芯的作用是加强两个线圈间的磁耦合。为了减少铁芯内涡流和磁滞损耗,铁芯由涂漆的硅钢片叠压而成。两个线圈之间没有电的联系,线圈由绝缘铜线(或铝线)绕成。为了改善散热条件,大、中容量的电力变压器的铁芯和绕组浸入在盛满变压器油的封闭油箱中,各绕组对外线路的连接由绝缘套管引出。为了使变压器安全可靠地运行,还设有储油柜、安全气道、气体继电器等附件。如图 2.4 所示为三相油浸式电力变压器。变压器主体是铁芯及套在铁芯上的绕组,如图 2.5 所示。

图 2.4 三相油浸式电力变压器的外形

变压器可以变换交流电压、电流、阻抗,也可以起隔离、稳压(磁饱和变压器)的作用等。变压器只能传递交流电能,而不能产生电能;它只能改变交流电压或电流的大小,不改变频率。变压器主要用在电力工业中的变电、配电环节,如图 2.6 所示。

图 2.5　三相油浸式电力变压器的器身

图 2.6　变压器在变电站的应用

2.3.2　变压器的分类

变压器种类很多,通常可按其相数、用途、绕组形式、铁芯结构、冷却方式等进行分类。

（1）按相数分

①单相变压器:用于单相负荷和三相变压器组。

②三相变压器:用于三相系统的升、降电压。

（2）按用途分

①电力变压器:用于输配电系统的升、降电压,是生产数量最多、使用最广泛的变压器。按其功能不同又可分为升压变压器、降压变压器、配电变压器等。电力变压器的容量从几十千伏安到几十万千伏安,电压等级从几百伏到几百千伏。

②仪用变压器:如电压互感器、电流互感器,用于测量回路和继电保护回路。

③试验变压器:能产生高压,对电气设备进行高压试验。

④特种变压器:在特殊场合使用的变压器,如作为焊接电源的电焊变压器,专供大功率电炉使用的电炉变压器,将交流电整流成直流电时使用的整流变压器,电容式变压器,移相变压器等均属特种变压器。

（3）按绕组形式分

①双绕组变压器:用于连接电力系统中的两个电压等级。

②三绕组变压器:一般用于电力系统区域变电站中,连接三个电压等级。

③自耦变电器:用于连接不同电压的电力系统。也可作为普通的升压或降后变压器用。

（4）按铁芯结构分

①芯式变压器:用于高压的电力变压器。

②非晶合金变压器:非晶合金铁芯变压器是用新型导磁材料,空载电流下降约80%,是节能效果较理想的配电变压器,特别适用于农村电网和发展中地区等负载率较低的地方。

③壳式变压器:用于大电流的特殊变压器,如电炉变压器、电焊变压器;或用于电子仪器及电视、收音机等的电源变压器。

（5）按冷却方式分

①干式变压器:依靠空气对流进行自然冷却或增加风机冷却,多用于高层建筑、高速收费站点用电及局部照明、电子线路等小容量变压器。

②油浸式变压器:依靠油作冷却介质,如油浸自冷、油浸风冷、油浸水冷、强迫油循环等。

2.4 电动机

2.4.1 电动机概述

电动机是将电能转换为机械能的设备。它是利用通电线圈(也就是定子绕组)产生旋转磁场并作用于转子形成磁电动力旋转扭矩。电动机主要由定子与转子组成,通电导线在磁场中受力运动的方向跟电流方向和磁感线(磁场方向)方向有关(图2.7)。电动机工作原理是磁场对电流产生力的作用,使电动机转动。

现代各种生产机械都广泛应用电动机来驱动。生产机械由电动机驱动有很多优点,如可简化生产机械的结构,提高生产率和产品质量,能实现自动控制和远距离操纵,减轻繁重的体力劳动等。其中,小功率电动机和微特电动机常常用于电动工具与家用电器中,也可以用在自动控制系统和计算装置中作为检测、放大、执行元件等。电动机按使用电源不同分为直流电动机和交流电动机,电力系统中的电动机大部分是交流电动机。

直流电动机具有宽广的调速范围、平滑的调速特性、较高的过载能力、较大的启动和制动转矩等特点,广泛应用于对启动和调速要求较高的生产机械。国产电力机车上常采用直流电机作为牵引电机和辅助压缩机驱动电机。

(a)电动机的外形

(b)电动机的定子

(c)电动机的转子

图 2.7　电动机的结构

交流异步电机主要作用是拖动各种生产机械。异步电机又分为三相异步电机和单相异步电机。和其他电动机比较,它具有结构简单、制造容易、价格低廉、运行可靠、维护方便、效率较高等一系列优点,所以异步电动机得到极其广泛的应用。目前,在生产上用的电动机主要是三相感应电动机,大约占世界电机数量的 60% 以上。如图 2.8 所示为三相感应电动机的结构。

2.4.2　电动机的应用

在工业中使用的异步电机有中小型轧钢设备[图 2.9(a)]、各种金属切削机床、轻工机械、矿山机械等。

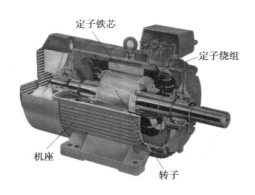

图 2.8　三相感应电动机的结构

在农业中使用的异步电动机有水泵[图2.9(b)]、脱粒机、粉碎机及其他农副产品加工机械等。此外，与日常生活密切相关的电扇、洗衣机等设备中都用到异步电动机。建筑的供水、供暖、通风等需要水泵、鼓风机[图2.9(c)]等，这些设备也都是异步电动机驱动的。电力机车运行时，变压器、变流装置、牵引电机、制动电阻等设备会发出大量的热，需要通风机进行强迫冷却；变压器需要装设油泵强迫变压器油循环；机车和列车的制动、受电弓升弓等需要压缩机提供工作风源。异步电动机的缺点是不能经济地在较大范围内平滑调速和必须从电网吸收滞后的无功功率，使电网功率因数降低。

(a)轧钢机　　　　　　　(b)水泵　　　　　　　(c)鼓风机

图 2.9　异步电机在工农业中的使用

一个现代机器人的运动控制要用到很多台电动机。有的机器人的关节部分直接采用球形电动机(图2.10)，可以方便地实现万向运动。

在高层建筑中，电梯、滚梯是靠电动机牵引的。宾馆的自动门、旋转门(图2.11)也是由电动机提供动力。

图 2.10　球形电动机

图 2.11　旋转门

2.4.3　电动机的选用

选择电动机的种类,是从交流或直流、机械特性、调速与启动性能、维护及价格等方面来考虑的。因为通常生产场所用的都是三相交流电源,如果没有特殊要求,一般都应采用交流电动机。在交流电动机中,三相鼠笼式异步电动机结构简单,坚固耐用,工作可靠,价格低廉,维护方便;其主要缺点是调速困难,功率因数较低,启动性能较差。当机械对启动、调速及制动没有特殊要求时,应采用三相笼型感应电动机。例如,功率不大的水泵、通风机、输送机、传送带、机床的辅助运动机构,基本采用笼型电动机,一些小型机床上也采用它作为主轴电动机。对重载启动的机械,例如某些起重机、卷扬机、锻压机及重型机床等宜选用笼型电动机。不能满足启动要求,以及加大功率不合理或调速范围不大的机械,且低速运行时间较短时,宜采用绕线转子电动机。对功率较大而且连续工作的机械,当在技术经济上合理时,应采用同步电动机。当机械对启动、调速及制动有特殊要求时,电动机类型及其调速方式应根据技术经济比较确定。在交流电动机不能满足机械要求的特性时,宜采用直流电动机;交流电源消失后必须工作的应急机组也可采用直流电动机。变负载运行的风机和泵类机械,当技术经济上合理时,应采用调速装置,并应选用相应类型的电动机。

2.5　特种电机

特种电机通常指的是结构、性能、用途或原理等与常规电机不同,且体积和输出功率较小的微型电机或特种精密电机,一般其外径不大于 130 mm。特种电机可以分为驱动用特种电机和控制用特种电机两大类,前者主要用来驱动各种机构、仪表以及家用电器等;后者是在自动控制系统中传递、变换和执行控制信号的小功率电机的总称,用作执行元件或信号元件。控制用的特种电机分为测量元件和执行元件。测量元件包括旋转变压器,交、直流测速发电机等;执行元件主要有交、直流伺服电动机,步进电动机等。

2.5.1 伺服电动机

伺服电动机是自动控制系统等装置中使用的一类小型电动机,如图 2.12 所示,在自动控制系统中用作执行元件,按照输入信号进行启动、停止、正转和反转等过渡性动作,操作和驱动机械负荷;用于将输入的控制电压转换成电机转轴的角位移或角速度输出,其转速和转向随着控制电压的大小和极性的改变而改变。它通常作为随动系统、遥测和遥控系统及各种增量运动控制系统的主传动元件,广泛应用于工业用机器人、机床、办公设备、各种测量仪器、打印机、绘图仪等设备中。

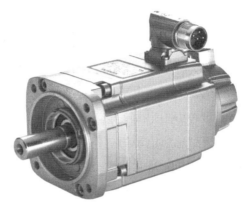

图 2.12 伺服电动机

数控机床伺服系统是以机床移动部件的机械位移为直接控制目标的自动控制系统,也称位置随动系统。它接收来自插补器的步进脉冲,经过变换放大后转化为机床工作台的位移。高性能的数控机床伺服系统还由检测元件反馈实际的输出位置状态,并由位置调节器构成位置闭环控制, 如图 2.13 所示。

图 2.13 伺服电动机在数控机床上的应用

2.5.2 直线电动机

直线电动机能直接产生直线运动,不需要任何中间转换机构,如图 2.14 所示。它不但省去了旋转电动机与直线工作机构之间的机械传动装置,还可因地制宜地将直线电动机某一侧安放在适当的位置直接作为机械运动的一部分,使整个装置紧凑合理、降低成本和提高效率。尤其在一些特殊的场合,其作用是旋转电动机所不能替代的。因此,它在很多的技术领域中得到了广泛的应用。

图 2.14 直线电动机

利用直线电动机驱动的高速列车,即磁悬浮列车就是其中的代表,它的速度可达 400 km/h 以上。所谓磁悬浮列车,就是采用磁力悬浮车体,应用直线电动机驱动技术,使列车在轨道上浮起滑行,如图 2.15 所示。过山车利用电磁体在轨道上方和列车下方各造出一个磁场,并使两个磁场互相吸引,直线电动机移动轨道上方的磁场牵引着后面的列车以极高的速度沿轨道移动,如图 2.16 所示。

图 2.15 上海磁悬浮列车　　　　　　　　　　　　图 2.16 过山车

直线电动机在城市内轨道交通和城市间高铁中的应用如图 2.17 和图 2.18 所示。

图 2.17　城市内的轻轨　　　　　图 2.18　城际间的高铁

近年来,直线电机在工业机械、电梯、航空母舰发射飞机、电磁炮、导弹发射架、电磁推进潜艇等方面的应用都已经实用化。

2.5.3　步进电动机

步进电动机是一种将电脉冲信号转换成相应角位移的电动机,每当一个电脉冲加到步进电动机的控制绕组上时,它的轴就转动一定的角度,角位移量与电脉冲数成正比,转速与脉冲频率成正比,在自动控制装置中作为执行元件。每输入一个脉冲信号,步进电动机前进一步,故又称脉冲电动机,如图 2.19 所示。

图 2.19　步进电机

步进电动机的驱动电源由变频脉冲信号源、脉冲分配器及脉冲放大器组成,其利用电子电路将直流电变成分时供电,多相时序控制电流输出为步进电机分时供电。由此驱动电源向电动机绕组提供脉冲电流,因而步进电动机的运行性能取决于电动机与驱动电源间的良好配合。

随着微电子和计算机技术的发展,步进电动机的需求量与日俱增,步进电动机的应用十分广泛,如机械加工、绘图机、机器人、计算机的外部设备、自动记录仪表等。它主要用于工作难度大、要求速度快、精度高等场合。尤其是电力电子技术和微电子技术的发展为步进电动机的应用开辟了广阔的前景。在数字控制系统中,步进电动机常用作执行元件。

下面以数控机床简单说明步进电动机的应用。数控机床是数字程序控制机床的简称,它具有通用性、灵活性及高度自动化的特点,如图 2.20 所示。数控机床主要适用于加工零件精度要求高、形状比较复杂的生产中。它的工作过程是:首先应按照零件加工的要求和加工的工序编制加工程序,并将该程序送入计算机,计算机根据程序中的数据和指令进行计算和控制;然后根据所得的结果向各个方向的步进电动机发出相应的控制脉冲信号,使步进电动机带动工作机构按加工的要求依次完成各种动作,如转速变化、正反转、启停等,这样就能自动地加工出程序所要求的零件。

图 2.20　数控机床

步进电机是一种感应电机,分为机电式及磁电式两种基本类型。机电式步进电动机由铁芯、线圈、齿轮机构等组成。螺线管线圈通电时将产生磁力,推动其铁芯芯子运动,通过齿轮机构使输出轴转动一角度,通过抗旋转齿轮使输出转轴保持在新的位置;线圈再通电,转轴又转动一角度,依次进行步进运动。磁电式步进电动机主要有永磁式、反应式和永磁感应子式三种形式。

2.5.4　其他特种电机

除了上述特种电机外,还有超导电机和超声波压电电动机。

超导电机在机电能量转换原理上与普通电机基本相同,只是其绕组采用超导材料,这样可以大大减小体积、节约能源。由于实现超导需要制冷设备,所以结构特别复杂,因此一般仅用于大型发电机或者电动机(如万吨巨轮的推进)。

超声波压电电动机是 20 世纪 80 年代中期发展起来的一种全新概念的新型驱动装置,它没有磁场与绕组,与传统电磁式电机原理完全不同。它是利用压电材料的逆压电效应,将电能转换为弹性体的超声振动,并将摩擦传动转换成运动体的旋转或直线运动。这类电动机具有运行速度低、出力大、结构紧凑、体积小、噪声小等优点,而且不受环境磁场的影响,可以应用于生物生命科学、光学仪器、高精密机械等领域。

2.6 电器及其分类

在广义上,电器指所有用电的器具,但是在电气工程中,电器特指用于对电路进行接通、分断,对电路参数进行变换,以实现对电路或用电设备的控制、调节、切换、检测和保护等作用的电工装置、设备和组件。电机(包括变压器)属生产和变换电能的机械,习惯上不包括在电器之列。大的有电力系统中所用的二、三层楼高的超高压断路器,小的有普通家用开关。一百多年来,电器发展的总趋势是容量增大,传输电压增高,自动化程度提高。例如,开关电器由 20 世纪初采用空气或变压器油作灭弧介质,经过多油式、少油式、压缩空气式,发展到利用真空或六氟化硫作灭弧介质的断路器,其开断容量从初期的 20 ~ 30 kA 到现在的 100 kA 以上,工作电压提高到 1 150 kV。20 世纪 60 年代出现了晶体管继电器、接近开关、晶闸管开关等;20 世纪 70 年代后,出现了机电一体化的智能型电器,以及六氟化硫全封闭组合电器等。这些电器的出现与电工新材料、电工制造新技术、新工艺相互依赖、相互促进,适应了整个电力工业和社会电气化不断发展的要求。

电器的分类按功能可分为:

①用于接通和分断电路的电器,主要有刀开关、接触器、负荷开关、隔离开关、断路器等。

②用于控制电路的电器,主要有电磁启动器、星—三角启动器、自耦减压启动器、频敏启动器、变阻器、控制继电器等(用于电机的各种启动器正越来越多地被电力电子装置所取代)。

③用于切换电路的电器,主要有转换开关、主令电器等。

④用于检测电路系数的电器,主要有互感器、传感器等。

⑤用于保护电路的电器,主要有熔断器、断路器、限流电抗器、避雷器等。

电器按工作电压可分为高压电器和低压电器两类。在我国,工作交流电压在 1 000 V 及以下,直流电压在 1 500 V 及以下的属于低压电器;工作交流电压在 1 000 V 以上,直流电压在 1 500 V 以上的属于高压电器。

2.7 高压电器

2.7.1 高压开关设备

高压开关设备主要用于在额定电压3 000 V以上的电力系统中关合及开断正常电力线路,以及输送倒换电力负荷;从电力系统中退出故障设备及故障线段,保证电力系统安全、正常运行;将两段电力线路以至电力系统的两部分隔开;将已退出运行的设备或线路进行可靠接地,以保证电力线路、设备和运行维修人员的安全。

高压开关设备的器件主要有断路器、隔离开关、重合器、分段器、接触器、熔断器、负荷开关相接地开关等,以及由上述产品与其他电器产品组合的产品。它们在结构上相互依托,有机地构成一个整体,如隔离负荷开关、熔断器式开关、敞开式组合电器等。

电力系统中用得最多的高压开关设备是断路器、隔离开关和负荷开关。

断路器指能够关合、承载和开断正常回路条件下的电流,并能关合、在规定的时间内承载和开断异常回路条件下的电流的开关装置。断路器分高压断路器和低压断路器。

高压断路器(或称高压开关)不仅可以切断或闭合高压电路中的空载电流和负荷电流,而且当系统发生故障时通过继电器保护装置的作用,切断过负荷电流和短路电流。它具有相当完善的灭弧结构和足够的断流能力,可分为油断路器(多油断路器、少油断路器(图2.21))、SF$_6$断路器(图2.22)、真空断路器、压缩空气断路器等。

图2.21 少油断路器

图2.22 SF$_6$断路器

隔离开关是指在分位置时,触头间有符合规定要求的绝缘距离和明显的断开标志;在合位置时,能承载正常回路条件下的电流及在规定时间内异常条件(例如短路)下的电流的开关设备。隔离开关(俗称"刀闸"),一般指的是高压隔离开关,即额定电压在 1 kV 及其以上的隔离开关,是高压开关电器中使用最多的一种电器,如图 2.23 所示。隔离开关的主要缺点是无灭弧能力,只能在没有负荷电流的情况下分、合电路。隔离开关用于各级电压,用作改变电路连接或使线路或设备与电源隔离。它没有断流能力,只能先用其他设备将线路断开后再操作。它一般带有防止开关带负荷时误操作的联锁装置,有时需要销子来防止在大故障的磁力作用下断开开关。

图 2.23　隔离开关

负荷开关是一种功能介于断路器和隔离开关之间的电器(图 2.24),具有简单的灭弧装置,可用于开断和关合负荷电流和小于一定倍数(通常为 3 ~ 4 倍)的过载电流;也可以用于开断和关合比隔离开关允许容量更大的空载变压器,更长的空载线路,有时也用来开断和关合大容量的电容器组。

图 2.24　负荷开关

负荷开关不能断开短路电流,因此负荷开关与限流熔断器串联组合(负荷开关 – 熔断器组合电器),可以代替断路器使用,即由负荷开关承担开断和关合小于一定倍数的过载电流,而由限流熔断器承担开断较大的过载电流和短路电流。熔断器可以装在负荷开关的电源侧,也可以装在负荷开关的受电侧。

高压负荷开关的结构主要有产气式、压气式、真空式和 SF$_6$ 式等结构类型,操动机构有手动和电动储能弹簧机构等形式。

随着产品成套性的提高,常将上述单个的高压开关(电器)与其他电器产品(诸如电流互感器、电压互感器、避雷器、电容器、电抗器、母线和进出线套管或电缆终端等)合理配置,有机地组合在一起,除进、出线外,所有高压电器器件完全被接地的金属外壳封闭,并配置二次监测及保护器件,组成一个具有控制、保护及监测功能的产品——金属封闭开关设备。气体绝缘金属封闭开关设备(Gas Insulated Metal-enclosed Switchgear,GIS),如图 2.25 所示。

图 2.25　气体绝缘金属封闭开关设备

为了使高压开关设备的成套性进一步提高,近年来,人们将容量不是很大的整个变电站(包括电力变压器在内)制作成为一个整体,在制造厂预制、调试好出厂后整体运送到现场,这样可显著地降低在运行现场的安装及调试工作量,使安装调试周期大为缩短,减少在现场安装、调试工作中的失误及偏差,提高了设备在运行中的可靠性。这类成套设备所需的占地面积和常规设备相比,也显著减少。特别是在建筑稠密的地区,如居民小区、商业区等,采用无人值守的小型箱式变电站代替传统的土建结构变电所,不仅可以节省建设和维护费用,还可以改善环境。

2.7.2　避雷器

避雷器用于保护电气设备免受高瞬态过电压危害并限制续流时间和续流赋值的一种电器,也是通信线缆防止雷电损坏时经常采用的另一种重要的设备。电力系统输变电和配电设备在运行中受到长期作用的工作电压,由于接地故障甩负载、谐振以及其他原因产生的暂时过电压,雷电过电压,操作过电压这四种过电压的作用。

雷电过电压和操作过电压可能有非常高的数值,单纯依靠提高设备绝缘水平来承受这两种过电压,不仅在经济上不合理,而且在技术上也常常是不可行的。一般是采用避雷器将过电压限制在一个合理的水平上,过电压过去之后,避雷器立即恢复截止状态,电力系统随即恢复正常状态。避雷器的保护特性是被保护设备绝缘配合的基础。改善避雷器的保护特性,可以提高被保护设备的运行安全可靠性,也可以降低设备的绝缘水平,从而减轻其质量,降低造价。

目前常用的避雷器主要有碳化硅阀式避雷器和金属氧化物避雷器,如图 2.26 所示。

图 2.26　避雷器

2.7.3　互感器

互感器是电力系统中供测量和保护用的设备,分为电压互感器和电流互感器两大类。互感器的作用是向测量、保护和控制装置传递信息,并实现和高电压之间隔离。

常用的电流互感器是按电磁转换原理工作的,结构与变压器相同,称为电磁式电流互感器。而电压互感器除了电磁式以外,还有电容式的,如图 2.27 所示。

图 2.27　电容式电压互感器

随着技术的发展,出现了电子式互感器。

2.8　低压电器

低压电器通常是指交流电压 1 000 V、直流 1 500 V 及以下配电和控制系统中的电气设备。它对电能的产生、输送、分配起着开关、控制、保护、调节、检测及显示等作用。低压电器是组成低压控制回路的基本器件。低压电器广泛应用于发电厂、变电所以及厂矿企、交通运输、农村、建筑等电力系统中。在工厂中常用继电器、接触器、按钮和开关等电器组成电动机的启动、停止、反转和制动控制回路。发电厂发出的电能,80% 以上要通过各种低压电器传送与分配。据统计,每增加 1 万 kW 电设备,大约需要 4 万件以上各类低压电器配套。所以,随着电气化程度的提高,低压电器的用量会急剧增加。

图 2.28　低压转换开关

继电器是现代自动控制系统中最基本的电器元件之一,广泛用于电力系统保护装置、生产过程自动化装置、各类远功、遥控和通信装置。继电器种类繁多,简单地可分为电量继电器(其输入量可为电流、电压、频率、功率等)和非电气量继电器(其输入量可为温度、压力、速度)等。但继电器都有一个共同的特点,即当输入的物理量达到规定时,其电气输出电路被自动接通或阻断, 如图 2.29 所示。

继电器的触点有三种基本形式:

①动合型(常开):线圈不通电时两触点是断开的,通电后,两个触点闭合。

②动断型(常闭):线圈不通电时两触点是闭合的,通电后,两个触点断开。

③转换型(Z 型):触点组型。这种触点组共有 3 个触点,即中间是动触点,上下各一个静触点。线圈不通电时,动触点和其中一个静触点断开和另一个闭合,线圈通电后,动触点就移

动,使原来断开的成闭合状态,原来闭合的成断开状态,达到转换的目的。这样的触点组称为转换触点。

接触器也是低压电器中使用广泛的设备,如图 2.29 所示。接触器是指工业电中利用线圈流过电流产生磁场,使触头闭合,以达到控制负载的电器。它是用于远距离、频繁地接通和分断交、直流主电路和大容量控制电路的电器,可快速切断交流与直流主回路和可频繁地接通与大电流控制(某些型别可达 800 A)电路,所以经常运用于控制电动机,也可用作控制工厂设备、电热器、工作母机和各样电力机组等电力负载,接触器不仅能接通和切断电路,而且还具有低电压释放保护作用。接触器控制容量大,适用于频繁操作和远距离控制。其主要的控制对象为电动机,也可用作控制电热设备、电照明、电焊机和电容器组等电力负载。接触器具有较高的操作频率,最高操作频率可达每小时 1 200 次。接触器的寿命长,机械寿命一般为数百万次至一千万次,电寿命一般为数十万次至数百万次。

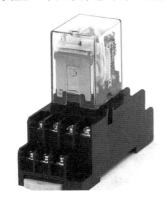

图 2.29 继电器

图 2.30 接触器

低压电器根据它在电气线路中所处的地位和作用,可归纳为低压配电电器和低压控制电器两大类。由于这两类低压电器在电路中所处的地位与作用不同,对它们的性能要求也有较大的差异。配电电器一般不需要频繁操作,对承担保护功能的配电电器应有较高的分断能力。控制电器则一般不分断大电流,而其动作则相对频繁,因此要求控制电器有较高的操作寿命。低压电器按照它的动作方式可分为机械动作电器(即有触点开关电器)和非机械动作器。机械动作电器又可分为自动切换电器和非自动切换电器。自动切换电器在完成接通、分断动作时,依靠本身参数的变化或外来信号而自动进行工作,非自动切换电器依靠外力完成动作。

目前,世界各国都十分重视低压电器的发展,并注意将微电子等新技术以及新工艺、新材料应用于低压电器的改进与新产品开发,特别是在低压电器智能化、模块化、组合化、电子化、多功能化等方面已取得了很大进展。

2.9　电气控制技术的发展

随着科学技术的不断发展,生产工艺不断提出新的要求,电气控制技术迅速发展。在控制方法上主要是从手动控制到自动控制;在控制功能上,是从简单到复杂;在操作上由笨重到轻巧;从控制原理上,由单一的有触点硬接线继电器控制系统转向以微处理器为中心的软件控制系统。新的控制理论和新型电器及电子器件的出现,不断地推动着电气控制技术的发展。

生产机械电力拖动的初期,常以一台电动机拖动多台设备,或是一台机床的多个动作由同一台电动机拖动,相应的电气控制线路比较简单。随着生产机械功能不断增多、自动化程度的提高,其机械传动系统也越来越复杂,为了简化传动机构而出现分散拖动形式,即各个运动机构分别有不同电动机拖动,这使电气控制线路进一步复杂化。此外,在生产过程中,对影响产品质量的各种参数都要求能自动调整,促使电气自动控制技术迅速向前发展,控制线路日趋完善。

初期,常用的控制电器有继电器、接触器等,用这种电器进行的控制称为继电器—接触器控制,这是一种有触点的控制方式。长期以来,继电器—接触器控制在控制设备中发挥了重要作用,直到今天,在一般工厂的控制设备中,还占有很大的比重。继电器—接触器控制虽然有价廉易学的特点,但是在对于经常需要变换控制线路的设备来说,存在着改接困难和周期长的缺点。为了满足生产需要和提高加工精度,人们开始研究容易改变顺序的可编程控制器(PLC)。

在 20 世纪 60 年代出现了一种能够根据生产需要,方便地改变控制程序,而又远比电子计算机结构简单、价格低廉的自动化装置——顺序控制器。它能满足程序经常改变的控制要求,使控制系统具有较大的灵活性和通用性。由于它兼备了计算机控制和继电器控制系统两方面的优点,故目前在世界各国已作为一种标准化通用设备普遍应用于工业控制中。

为了解决占机械加工总量 80% 左右的单件和小批生产的自动化,以提高劳动生产率,提高产品质量和降低劳动强度。20 世纪 50 年代出现了数控机床,它是一种具有广泛通用性的高效率自动化机床,它综合应用了电子技术、检测技术、计算技术、自动控制和机床结构设计等各个技术领域的最新技术成就。目前仍然广泛应用,并且在一般数控机床基础上发展成为附带自动换刀、自适应等功能的复杂数控系列产品,称为加工中心。它能对多道工序的工件进行连续加工,节省了夹具,缩短了装夹定位、对刀等辅助时间,提高了工效和产品质量,成功取代了以往依靠模板、凸轮、专用夹具、刀具和定程挡块来实现顺序加工的自动机床、组合机床、专用机床。

上述各种先进控制设备的应用,促进了电气控制技术的发展。可以这样说,可编程控制器、机器人和数控机床已成为现代控制的三大支柱。

思考题

2.1 电机有哪些不同的分类方法?

2.2 同步发电机和异步发电机有何不同?

2.3 电动机可应用在哪些领域?

2.4 变压器和电流互感器有什么区别?

2.5 电动机的选用要考虑哪些因素?

2.6 我国高压电器和低压电器是如何划分的?

2.7 隔离开关与断路器有什么区别?

2.8 继电器与接触器有什么区别?

2.9 低压配电电气与低压控制电气有什么不同?

2.10 现代控制技术的三大支柱是什么?

第**3**章
电力系统及其自动化应用及发展新技术

3.1 电力工业概况及发展

电力工业是将煤炭、石油、天然气、核燃料、水能、海洋能、风能、太阳能、生物质能等一次能源经发电设施转换成电能,再通过输电、变电与配电系统供给用户作为能源的工业部门。电能的生产过程和消费过程是同时进行的,既不能储存,又不能中断,需要统一调度和分配。电力工业为工业和国民经济其他部门提供基本动力,是国民经济发展的先行部门。

电力工业主要包括 5 个生产环节。

①发电:包括火力发电、水力发电、核能和其他能源发电等;

②输电:包括交流输电和直流输电;

③变电:变换电压,包括升压变电和降压变电;

④配电:汇集和分配电能;

⑤用电:包括用电设备的安装、使用和用电负荷的控制。

电力工业还包括以下环节:规划、勘测设计、施工建设、运行调度、维护改造、安全监察、科研开发、设备制造、教育培训、法规标准、电力营销(电力市场)等。

3.1.1 世界电力工业的发展历程

1875 年,法国巴黎火车站建成世界上第一座火电厂,为附近照明供电。1879 年,美国旧金山实验电厂开始发电,是世界上最早出售电力的电厂。20 世纪 80 年代,在英国和美国建成世界上第一批水电站。

1913 年,全世界的年发电量为 500 亿 kW·h,电力工业已作为一个独立的工业部门,进入人类的生产生活领域。

20 世纪三四十年代,美国成为电力工业的先进国家,拥有 20 万 kW 的机组 31 台,容量为 30 万 kW 的中型火电厂 9 座。同一时期,水电机组达 5 万～10 万 kW。

1934 年,美国开工兴建的大古力水电站,1941 年开始发电,到 1980 年装机容量为 649 万 kW,在 20 世纪 80 年代中期以前一直是世界上最大的水电站。

1950 年,全世界发电量增至 9 589 亿 kW·h,是 1913 年的 19 倍。20 世纪 50、60、70 年代,平均年增长率分别为 9.4%、8.0%、5.3%。1950—1980 年,发电量增长 7.9 倍,平均年增长率 7.6%,约相当于每 10 年翻一番。

1986 年,全世界水电发电量占 20.3%,火电占 63.7%,核电占 15.6%;其中美国水电占 11.4%,火电占 72.1%,核电占 16.0%;苏联水电占 13.5%,火电占 76.4%,核电占 10.1%;日本水电占 12.9%,火电占 61.8%,核电占 25.1%;中国水电占 21.0%,火电占 79.0%。世界上核电比重最大的是法国,1989 年占总发电量的 74.6%。

20 世纪 70 年代,电力工业进入以大机组、大电厂、超高压以至特高压输电,形成以联合系统为特点的新时期。1973 年,瑞士 BBC 公司制造的 130 万 kW 双轴发电机组在美国肯勃兰电厂投入运行。苏联于 1981 年制造并投运世界上容量最大的 120 万 kW 单轴汽轮发电机组。到 1977 年,美国已有 120 座装机容量百万千瓦以上的大型火电厂。1985 年,苏联有百万千瓦以上火电厂 59 座。1983 年,日本有百万千瓦以上的火电厂 32 座,其中鹿儿岛电厂总容量为 440 万 kW,是世界上最大的燃油电厂。此阶段,世界上设计容量最大的水电站是巴西和巴拉圭合建的伊泰普水电站,设计容量达 1 260 万 kW,近期装机容量达 490 万 kW,采用 70 万 kW 机组,与运行中的世界最大水电站美国大古力水电站的世界最大水轮机组 70 万 kW 容量相等。世界上最大的核电站是日本福岛核电站,容量是 909.6 万 kW。总装机容量几百万千瓦的大型水电站、大型火电厂和核电站的建成,促进了超高、特高压输电、直流输电和联合电力系统的发展。

1935 年,美国首次将输电电压等级从 110～220 kV 提高到 287 kV,出现了超高压输电线路。

1952 年,瑞典建成二分裂导线的 380 kV 超高压输电线路。1959 年,苏联建成 500 kV,长 850 km 的三分裂导线输电线路。

1965—1969 年,加拿大、苏联和美国先后建成 735 kV、750 kV 和 765 kV 线路。

现在美国正研究 1 100 kV 和 1 500 kV 特高压输电,意大利研究 1 000 kV 输电,日本建设 250 km 长 1 000 kV 特高压线路。高压直流输电(HVDC),瑞典、美国、苏联分别采用 ±100、

±450、±750 kV 电压,后者输电距离 2 414 km,输电 600 万 kW。

到 1985 年,全世界已有 18 个国家、32 个直流输电线路投运,总输送容量 2 000 万 kW。输电距离 1 080 km 的 ±500 kV 中国葛洲坝—上海输电线路已于 1989 年 8 月投入运行。特高压输电和直流输电不仅用于远距离大容量输送电能,而且在工业大国的联合电力系统中或中国统一电力系统中起着主联络干线的重要作用。

3.1.2　中国电力工业的发展历程及成就

1882 年 7 月 26 日,英籍商人 R. W. Little 等人招股筹银 5 万两创办的上海电气公司开始发电。该电站安装 1 台 16 马力蒸汽发电机组,装设了 15 盏弧光灯,电能开始在中国应用,几乎与欧美同步并略早于日本,中国电力就此开始起步。此后,外国资本相继在天津、武汉、广州等地开办了一些电力工业企业。为配合新工业地区的建设,中国资本 1905 年才开始投资于电力工业,以后虽有一定程度的发展,但增长速度缓慢。中国发电量最高年份的 1941 年只有 59.6 亿 kW·h,到 1949 年中国发电设备容量为 185 万 kW,发电量只有 43.1 亿 kW·h。

中华人民共和国成立后,单机容量 60 万 kW 的火力发电机组已开始运行;在电站大机组上,国家对电力工业进行了大量投资,单机容量 10 万 kW 以上的火力发电机组已达 3 094 万 kW,电力工业得到很大发展。到 1984 年底,中国发电量达 3 770 亿度,为 1949 年的 87 倍;中国发电设备容量达 7 995 万 kW,为 1949 年的 43.2 倍。

全国电力供需局部地区、局部时段缺电的情况将依然存在,煤电衔接、电价改革、电源与电网的协调等仍是行业发展需要进一步解决的问题。由于行业发展临近拐点,电源建设应选择符合国家政策支持范围的项目,电网领域的投资价值则逐渐显现。

经过几十年的努力,中国电力工业取得了辉煌的成就,目前中国电力工业的"世界之最"有:

（1）**全世界最大电网**

截至 2011 年年底,中国 220 kV 及以上输电线路回路长度达到 48 万 km;公用变设备容量达到 22 亿 kW,是 2002 年的 4.2 倍,年均增长 17.26%。目前,中国电网规模已居世界第一。2002 年厂网分开后,电网建设投资力度明显增加,中国电力建设投资中电源投资与电网投资之比从初期的 2∶1 到目前接近 1∶1,逐步实现了电源、电网建设均衡发展,电网规模不断扩大,电压等级逐步提升,实现了 1 000 kV 交流特高压、±1 100 kV 直流特高压工程投产运行。目前,中国大部分地区已形成了 500 kV 为主（西北地区为 330 kV）的电网主网架。东北、华北、西北、华中、华东、南方六大区域电网全部实现互联。

（2）**全世界最大装机规模**

截至 2011 年年底,中国发电装机容量达到 10.56 亿 kW,首次超过美国（10.3 亿 kW）,成为世界第一电力装机大国。其中水电 2.31 亿 kW(包括抽水蓄能 1 836 万 kW),火电 7.65 亿 kW,核电 1 257 万 kW,并网风电 4 505 万 kW,太阳能发电 214 万 kW。2002 年新一轮电力体制改革以来,我国电源投资主体增多,电力工业进入快速发展通道,迅速改变了我国长期电力不足的局面,中国电力装机容量从 3.57 亿 kW 连续突破 4 亿、5 亿、6 亿、7 亿、8 亿、9 亿、10 亿 kW 大关,年均增长近 8 000 万 kW,10 年增长量超过此前新中国成立以来的 53 年。2018 年,中国发电总装机容量已经接近 19 亿 kW,而美国不足 11 亿 kW。

(3)全世界最高输电电压等级

2019 年 9 月 26 日,全球最长输电线路准东-皖南 ±1 100 kV 特高压直流输电工程(下称准东-皖南特高压工程)正式投运。该工程全长 3 324 公里,起点位于新疆昌吉回族自治州,终点位于安徽宣城市,穿越新疆、甘肃、宁夏、陕西、河南、安徽六省(区)。其额定电压为 ±1 100 kV,是普通居民用电电压 220 V 的 5 000 倍。2015 年 12 月,准东-皖南特高压工程获国家核准,2016 年 1 月开工建设,2018 年 10 月全线通电,总投资 407 亿元,是目前世界上电压等级最高、输送容量最大、输电距离最远、技术水平最先进的输电工程。

(4)全世界最大发电量

2011 年,我国发电量为 4.72 万亿 kW·h,相当于日本、俄罗斯、印度、加拿大、德国等五个国家 2010 年发电量总和,首次超过美国,居世界首位。近年来,我国发电量快速增长,"十一五"期间年均增长率达 11.18%,2011 年增长为 11.68%。与世界主要国家相比,2011 年我国火电占比仍然较高,为 82.54%,仅次于印度;水电占比 14.03%,低于俄罗斯、略高于印度,远低于巴西、加拿大;核电占比为 1.85%,远低于核电占比最高的法国(75.5%)和韩国(31.1%)。2021 年我国发电量 8.11 万亿 kW·h。目前,我国正大力优化电力能源结构。

(5)全世界最多百万千瓦火电机组

截至 2021 年,全国范围内已投产的单机容量 100 万 kW 超超临界火电机组超过 100 台,投运、在建、拟建的百万千瓦超超临界机组数量居全世界之首。2004 年 6 月,国内首个百万千瓦超超临界机组工程——华能玉环电厂一期工程开工建设。随着华能玉环电厂、华电邹县电厂、国电泰州电厂等一批百万千瓦级超超临界机组相继投入运行,标志着我国已经成功掌握世界先进的火力发电技术,我国的电力工业已经开始进入"超超临界"时代。2006 年,上海电气成功制造我国第一套 100 万 kW 级超超临界机组,标志着我国已具备世界最先进机组的研制能力。

(6)全世界最早运行百万 kW 级超超临界空冷机组

2010 年 12 月 28 日,由中国华电集团公司投资建设的华电宁夏灵武发电有限公司二期工程 3 号机组顺利通过 168 小时满负荷运行,标志着具有我国独立知识产权的世界首台百万 kW 级超超临界空冷机组正式投产,彻底改写了中国空冷机组技术设备依赖进口的历史,预示着我国空冷电站设备设计制造和电力工业技术等级达到世界先进水平。

（7）全世界最大水电装机

截至 2022 年 3 月，中国水电装机容量（含抽水蓄能）达到 3.942 7 亿 kW，持续雄居世界第一。早在 2001 年，我国常规水电装机达到 7 700 万 kW，首次超过美国跃居世界第一位。此后几年，我国水电持续快速发展。到 2004 年，以青海公伯峡水电站首台 30 万 kW 机组投产为标志，我国水电装机容量突破 1 亿 kW。到 2010 年，随着云南小湾水电站 4 号机组投产，我国水电总装机容量突破 2 亿 kW。期间，建成了三峡、龙滩、溪洛渡、向家坝、拉西瓦、构皮滩、瀑布沟等一大批巨型电站，正在建设乌东德、白鹤滩、锦屏一二级、糯扎渡等工程。

（8）全世界最大水电站

2012 年 7 月 4 日，随着最后一台 70 万 kW 机组正式并网发电，三峡电站全面建成投产，累计发电量超过 5 600 亿 kW·h。三峡水电站位于湖北省宜昌市的长江干流上，包括左岸电站 14 台、右岸电站 12 台、地下电站 6 台 70 万 kW 巨型机组和电源电站 2 台 5 万 kW 机组，总装机容量达 2 250 万 kW，是目前世界上最大的水电站。三峡大坝位于宜昌市上游不远处的三斗坪，大坝高程 185 m，水库总库容 393 亿 m³。工程于 1994 年正式开工建设，首台 70 万 kW 机组于 2003 年 7 月开始蓄水发电，2009 年全部完工。

（9）全世界最高双曲拱坝

锦屏一级水电站位于四川省凉山彝族自治州盐源县和木里县境内，是雅砻江干流下游河段（卡拉至江口河段）的控制性水库梯级电站，下距河口约 358 km。坝址以上流域面积 10.3 万 km²，占雅砻江流域面积的 75.4%。坝址处多年平均流量为 1 220 m³/s，多年平均年径流量 385 亿 m³。锦屏一级水电站大坝设计坝高 305 m，为世界上已建、在建和设计中最高的双曲薄拱坝，其施工难度为世界施工界罕见。水库正常蓄水位 1 880 m，死水位 1 800 m，正常蓄水位以下库容 77.65 亿 m³，调节库容 49.1 亿 m³，属年调节水库。电站装机 6 台，单机容量 600 MW，共计 3 600 MW。锦屏一级水电站于 2005 年 9 月获国家核准并于 11 月 12 日正式开工，2006 年 12 月 4 日提前两年成功实现大江截流，2009 年 10 月 23 日开始大坝浇筑，2012 年首台机组发电，2014 年竣工。

3.2　电力系统组成及设备

3.2.1　电力系统的组成

电力系统是由各级电压的电力线路将一些发电厂、变电所和电力用户联系起来的一个发电、输电、变电、配电和用电的整体。从发电厂到用户的送电过程如图3.1所示。

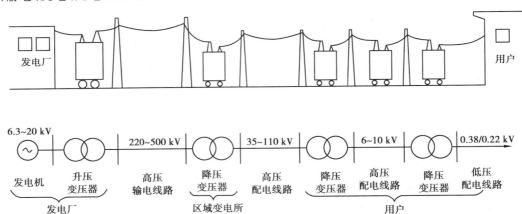

图3.1　从发电厂到用户的送电过程

电力系统中的各级电压的电力线路及所联系的变电所,称为电力网或者电网。电力系统示意图如图3.2所示。电力网由不同电压等级的输电线路和变压器组成,可分为地方电力网、区域电力网及超高压远距离输电网3种类型。

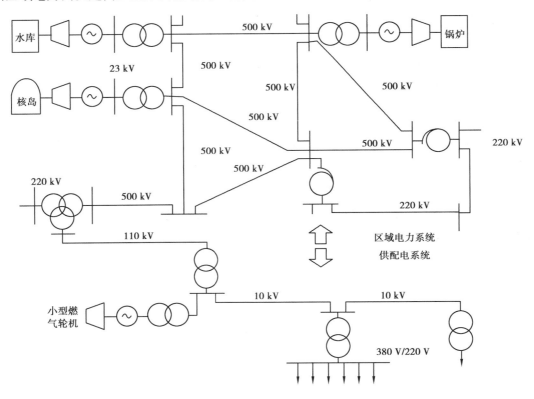

图3.2　电力系统示意图

①地方电力网:电压为110 kV以下的电力网(如35 kV、10 kV等)。

②区域电力网:电压为 110 kV 以上的电力网(如 220 kV)。

③超高压远距离输电网:电压为 330 ~ 500 kV 及以上的电力网。

电力系统加上发电厂的动力部分及其热能系统和热能用户称为动力系统。

3.2.2　电力系统设备

根据设备在电力系统中的作用,电力系统设备包括一次设备和二次设备。

(1)一次设备

一次设备是指直接用于生产、输送和分配电能的生产过程的电气设备。它包括发电机、变压器、断路器、隔离开关、自动开关、接触器、刀开关、母线、输电线路、电力电缆、电抗器、电动机等。

(2)二次设备

二次设备是指对一次设备的工作进行监测、控制、调节、保护以及为运行、维护人员提供运行工况或生产指挥信号所需的低压电气设备,如熔断器、控制开关、继电器、电度表、控制电缆等。

3.2.3　一次系统和二次系统

(1)一次系统

由一次设备相互连接,构成发电、输电、配电或进行其他生产过程的电气回路称为一次回路或一次接线系统或电气主接线。

(2)二次系统

由二次设备相互连接,构成对一次设备进行监测、控制、调节和保护的电气回路称为二次回路或二次接线系统。

3.2.4　我国电力工业布局

2002 年 4 月 12 日,国务院下发《电力体制改革方案》(简称"5 号文"),被视为电力体制改革开端的标志。新方案的三个核心部分是:实施厂网分开,竞价上网;重组发电和电网企业;从纵横双向彻底拆分国家电力公司。"初步建立竞争、开放的区域电力市场"。为此,原国家电力公司按"厂网分开"原则组建了五大发电集团、两大电网公司和四大电力辅业集团。2002 年 12 月 29 日,国家电力监管委员会等十二家涉及电力改革的相关企业和单位正式成立。此次同时挂牌的十二家电改单位,包括国家电力监管委员会、国家和南方二大电网公司、五大发电集团和四大辅业集团。

五大发电集团为中国国电集团公司、中国华能集团公司、中国大唐集团公司、中国华电集团公司、中国电力投资集团公司。

四大辅业集团为水电规划设计院和电力规划设计院两个设计单位,以及葛洲坝集团和水利水电建设总公司两个施工单位。

国家电网公司下设华北(含山东)、东北(含内蒙古东部)、华东(含福建)、华中(含四川、重庆)和西北5个区域电网公司。

南方电网公司由广西、贵州、云南、海南和广东五省电网组合而成。

3.3 发电厂分类及应用

发电厂又称发电站,是将自然界蕴藏的各种一次能源转换为电能(二次能源)的工厂。19世纪末,随着电力需求的增长,人们开始提出建立电力生产中心的设想。电机制造技术的发展,电能应用范围的扩大,生产对电能需要的迅速增长,发电厂的发展速度也急剧加快。现在的发电厂有多种途径的发电方式:靠燃煤、石油或天然气驱动涡轮机发电的热电厂,靠水力发电的水电站,靠受控核裂变技术发电的核电站,还有些靠太阳能(光伏)、风力和潮汐发电的新能源技术发电站等。

3.3.1 火力发电技术

火力发电厂简称火电厂,是利用煤、石油、天然气作为燃料生产电能的工厂(图3.3)。火电厂生产的基本过程是:燃料在锅炉中燃烧加热水使其成为蒸汽,将燃料的化学能转变成热能,蒸汽压力推动汽轮机旋转,热能转换成机械能,然后汽轮机带动发电机旋转,将机械能转变成电能。火力发电过程如图3.4所示。

图3.3 火力发电厂

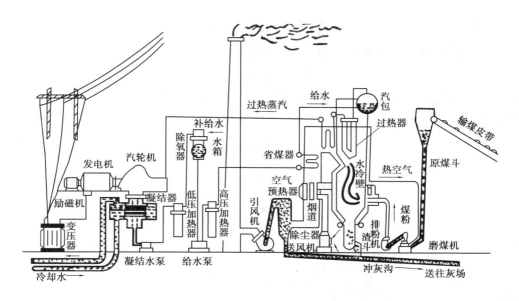

图3.4　火力发电过程

火电厂的主要设备是锅炉、汽轮器和发电机,其系统包括:

①汽水系统,由锅炉、汽轮机、凝汽器、水泵、加热器及其管路组成;

②燃料、燃烧系统,由输煤系统、制粉系统、烟风系统和除灰除尘系统等组成;

③其他辅助热力系统;

④电气系统。

火力发电在我国目前占有主导地位。截至2022年3月,中国火电厂装机容量12.9678亿kW,装机容量占到总发电量的54.6%以上,特别是在煤炭资源丰富的北方地区比例更大。

火力发电是现代社会电力发展的主力军,在提出和谐社会、循环经济的环境中,我们在提高火电技术的方向上要着重考虑电力对环境的影响,对不可再生能源的影响,虽然在中国已有部分核电机组,但火电仍占领电力的大部分市场,火力发电技术必须不断提高发展,才能适应和谐社会的要求。

3.3.2　水力发电技术

(1)水电站的生产过程

水力发电就是利用水力推动水轮机转动,将水的势能转变为机械能,如果在水轮机上接上发电机随着水轮机转动便可发出电来,这时机械能又转变为电能。水力发电在某种意义上讲是水的势能变成机械能,又变成电能的转换过程。水力发电原理如图3.5所示。

水电站的设备包括为利用水能生产电能而兴建的一系列水电站建筑物及装设的各种水电站设备。利用这些建筑物集中天然水流的落差形成水头,汇集、调节天然水流的流量,并将它输向水轮机,经水轮机与发电机的联合运转,将集中的水能转换为电能,再经变压器、开关站和输电线路等将电能输入电网。有些水电站除发电所需的建筑物外,还常有为防洪、灌溉、航运、过木、过鱼等综合利用目的服务的其他建筑物。这些建筑物的综合体称水电站枢纽或水利枢纽。大坝是主要的水工建筑物,根据大坝的类型可分为土坝、重力坝、混凝土面板堆石坝、拱坝等。

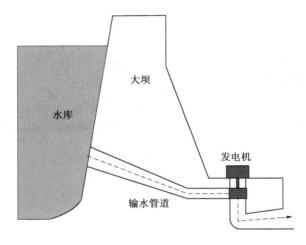

图 3.5　水力发电原理图

（2）水电站的分类

水电站有各种不同的分类方法,按照水电站利用水源的性质可分为三类。

①常规水电站:利用天然河流、湖泊等水源发电。

②抽水蓄能电站:利用电网中负荷低谷时多余的电力,将低处下水库的水抽到高处上水库存蓄,待电网负荷高峰时放水发电,尾水至下水库,从而满足电网调峰等电力负荷的需要。

③潮汐电站:利用海潮涨落所形成的潮汐能发电。

按照水电站对天然水流的利用方式和调节能力,可以分为两类。

①径流式水电站:没有水库或水库库容很小,对天然水量无调节能力或调节能力很小的水电站。

②蓄水式水电站:设有一定库容的水库,对天然水流具有不同调节能力的水电站。

在水电站工程建设中,还常采用以下分类方法:

①按水电站的开发方式,即按集中水头的手段和水电站的工程布置,可分为坝式水电站、引水式水电站和坝-引水混合式水电站三种基本类型。这是工程建设中最通用的分类方法。

②按水电站利用水头的大小,可分为高水头、中水头和低水头水电站。世界上对水头的具体划分没有统一的规定。有的国家将水头低于 15 m 作为低水头水电站,15 ~ 70 m 为中水头水电站,71 ~ 250 m 为高水头水电站,水头大于 250 m 时为特高水头水电站。中国通常称水

头大于 70 m 为高水头水电站,低于 30 m 为低水头水电站,30 ~ 70 m 为中水头水电站。

③按水电站装机容量的大小,可分为大型、中型和小型水电站。各国一般把装机容量 5 000 kW 以下的水电站定为小水电站,5 000 ~ 10 万 kW 为中型水电站,10 万 ~ 100 万 kW 为大型水电站,超过 100 万 kW 的为巨型水电站。

我国水能资源丰富,居世界第一位,其中理论储藏量为 6.89 亿 kW,技术可开发的装机容量达 3.93 亿 kW,经济可开发装机容量为 3.95 亿 kW,且随着西南地区的金沙江、大渡河等河流的梯级开发,水电装机总容量逐年提高。

从规模来看,截至 2022 年 3 月,全国水电装机容量达到了 3.942 7 万 kW,年发电量 13 401 亿 kW·h,继续稳居世界第一。图 3.6 为世界最大的水电站——中国三峡水电站。

图 3.6　三峡水电站全景

3.3.3　核能发电技术

核能来源于原子核的裂变或聚变,当原子核分裂或聚合,会释放出巨大的能量,核能也称之为原子能。式(3.1)是典型的核裂变公式。

$$\,^{235}_{92}\mathrm{U} + \,^{1}_{0}\mathrm{n} \longrightarrow \,^{142}_{56}\mathrm{Ba} + \,^{91}_{36}\mathrm{Kr} + 3\,^{1}_{0}\mathrm{n} \tag{3.1}$$

核能发电是利用核反应堆中核裂变所释放出的热能进行发电,它是实现低碳发电的一种重要方式。核能发电利用铀燃料进行核分裂连锁反应所产生的热将水加热成高温高压,由汽轮机将热能转化为机械能,再由发电机将机械能转化为电能。核能发电原理如图 3.7 所示。

核反应所放出的热量较燃烧化石燃料所放出的能量要高很多(相差约百万倍),而所需要的燃料体积与火力电厂相比要少很多。核能发电所使用的铀 235 纯度只占 3% ~ 4%,其余皆为无法产生核分裂的铀 238。举例而言,核电厂每年要用掉 50 t 的核燃料,只要 2 只标准货柜就可以运载。如果换成燃煤,则需要 515 万 t,每天要用 20 t 的大卡车运 705 车才够。如果使

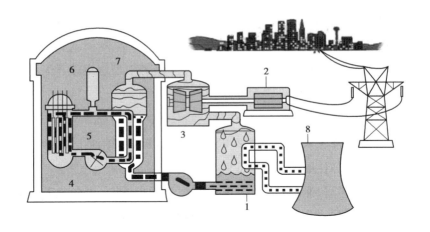

图 3.7　核能发电原理

1—冷凝器;2—发电机;3—汽轮机;4—压力容器;5—控制棒;

6—稳压器;7—蒸汽发生器;8—冷却塔

用天然气,需要 143 万 t,相当于每天烧掉 20 万罐家用燃气。换算起来,接近 692 万户的天然气用量。

　　核电厂以反应堆的种类分为有压水堆核电厂、沸水堆核电厂、重水堆核电厂、石墨水冷堆核电厂、石墨气冷堆核电厂、高温气冷堆核电厂和快中子增殖堆核电厂等。

　　核电厂的主要设备有核岛(主要是核蒸汽供应系统)、常规岛(主要是汽轮发电机组)和电厂配套设施三大部分。核岛是利用核能产生蒸汽,包括反应堆装置和一回路系统;常规岛是利用蒸汽发电,包括汽轮发电机系统。核燃料在反应堆内产生的裂变能,主要以热能的形式出现。它经过冷却剂的载带和转换,最终用蒸汽或气体驱动涡轮发电机组发电。核电厂所有带强放射性的关键设备都安装在反应堆安全壳厂房内,以便在失水事故或其他严重事故下限制放射性物质外溢。为了保证堆芯核燃料在任何情况下等到冷却而免于烧毁熔化,核电厂设置有多项安全系统。核电站除了关键设备——核反应堆外,还有许多与之配合的重要设备。以压水堆核电站为例,它们是主泵、稳压器、蒸汽发生器、安全壳、汽轮发电机和危急冷却系统等。它们在核电站中有各自的特殊功能。

　　截至 2021 年年底,全世界在役运行核电机组 445 台,装机容量 387 GW。其中,美国 104台、法国 58 台、俄罗斯 33 台、中国 30 台、韩国 23 台、印度 21 台、加拿大 19 台。日本和欧洲部分国家由于安全的原因关停了一部分核电站。同时,全世界在建核电机组 71 台,装机容量79.94 GW;规划将建核电机组 173 台,装机容量 188.76 GW。目前,全世界有 10 多个国家计划开始发展核电,包括埃及、印度尼西亚、波兰、土耳其、越南等。

　　截至 2022 年 3 月底,中国核电厂装机容量 5 443 万 kW,位居世界第三,我国已投产发电的核电站有:浙江秦山核电站、广东大亚湾核电站(图 3.8)、广东岭澳核电站、广东阳江核电站、江苏田湾核电站、福建宁德核电站、福建福清核电站、辽宁红沿河核电站等;正在建设的有:浙江三门核电站、广东台山核电站、山东海阳核电站、山东石岛湾核电站、海南昌江核电站、广西防城港核电站、辽宁徐大堡核电站等,筹建的核电站也有 20 多个。

图 3.8　广东大亚湾核电站

3.3.4　太阳热能发电技术

太阳能发电技术是属于新能源发电技术的一种。新能源发电技术是相对常规能源发电技术而言,新能源是指常规的煤炭、水能、核能等能源形式之外的太阳能、风能、生物质能、地热能和海洋能等一次能源,是在高新技术基础上开发利用的可再生能源,它的开发利用不会污染环境,是清洁的能源。新能源具有能量密度低且高度分散的共同特点,新能源发电技术是多学科交叉、综合性强的高新技术。

太阳能是由太阳内部氢原子发生氢氦聚变释放出巨大核能而产生的,来自太阳的辐射能量。人类所需能量的绝大部分都直接或间接地来自太阳。尽管太阳辐射到地球大气层的能量仅为其总辐射能量的 22 亿分之一,但已高达 173 000 TW,也就是说太阳每秒钟照射到地球上的能量就相当于 500 万 t 标准煤完全燃烧产生的能量为 49 940 000 000 J。地球上的风能、水能、海洋温差能、波浪能和生物质能都是来源于太阳;即使是地球上的化石燃料(如煤、石油、天然气等)从根本上说也是远古以来储存下来的太阳能,所以广义的太阳能所包括的范围非常大,狭义的太阳能则限于太阳辐射能的光热、光电和光化学的直接转换。

太阳能热发电,也叫聚焦型太阳能热发电,通过大量反射镜以聚焦的方式将太阳能直射光聚集起来,加热工质,产生高温高压的蒸汽,蒸汽驱动汽轮机发电。由于太阳能热发电需要充足的太阳直接辐射才能保持一定的发电能力,因此沙漠是最理想的建厂选址地区。与传统的电厂相比,太阳能热电厂具有两大优势:整个发电过程清洁,没有任何碳排放;无须任何燃料成本。

太阳能热发电的技术路线主要有四类:技术相对成熟、目前应用最广泛的抛物面槽式,效率提升与成本下降潜力最大的集热塔式,适合以低造价构建小型系统的线性非涅尔式,效率最高、便于模块化部署的抛物面碟式。

2014年2月13日,世界最大的太阳热能发电站伊万帕(Ivanpah)正式投入商用(图3.9)。这座位于美国加州和内华达州交界处的发电厂由谷歌和亮源能源共同持有。伊万帕太阳热能发电厂拥有近35万块太阳能面板,总占地面积为12.92 km²。这些面板通过将阳光反射到140 m高的塔上,然后加热上面的锅炉产生蒸汽,进而发电。伊万帕太阳热能发电厂的三组发电机组总投入资金为22亿美元,其容量可达400 MW,足以支持14万户人家的用电。

图3.9 美国伊万帕太阳热能发电站

3.3.5 太阳能光伏发电技术

(1)太阳能光伏发电的原理

太阳能光伏发电是根据光生伏特效应原理,利用太阳能电池将太阳光能直接转化为电能。不论是独立使用还是并网发电,光伏发电系统主要由太阳能电池板(组件)、控制器和逆变器三大部分组成,它们主要由电子元器件构成,不涉及机械部件。所以,光伏发电设备极为精炼,可靠稳定,寿命长、安装维护简便。理论上讲,光伏发电技术可以用于任何需要电源的场合,上至航天器,下至家用电源,大到MW级电站,小到玩具,光伏电源应用无处不在。

太阳能光伏发电的原理(图3.10):以PN结为例,当晶片受光后,PN结中N型半导体的空穴往 P 型区移动,而 P 型区中的电子往 N 型区移动,从而形成从 N 区到 P 区的电流。在 PN 结中形成电势差,这就形成了电源。

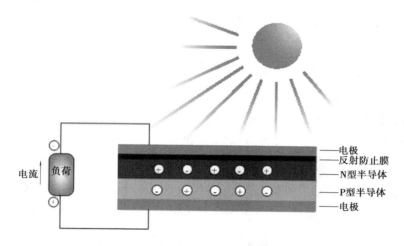

图 3.10　太阳能光伏发电原理

(2)太阳能光伏发电系统组成

太阳能光伏发电系统由太阳能电池组、太阳能控制器、蓄电池(组)组成。如输出电源为交流 220 V 或 110 V,还需要配置逆变器,如图 3.11 所示。

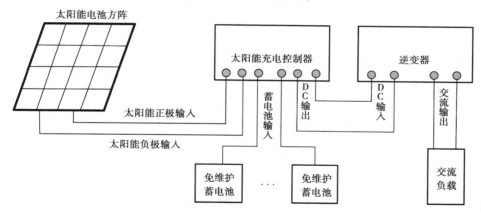

图 3.11　太阳能光伏发电系统

1)太阳能电池板

太阳能电池板是太阳能发电系统中的核心部分,也是太阳能发电系统中价值最高的部分。其作用是将太阳的辐射能转换为电能,或送往蓄电池中存储起来,或推动负载工作。

2)太阳能控制器

太阳能控制器的作用是控制整个系统的工作状态,并对蓄电池起到过充电保护、过放电保护的作用。在温差较大的地方,合格的控制器还应具备温度补偿的功能。其他附加功能如光控开关、时控开关都应当是控制器的可选项。

3）蓄电池

蓄电池一般为铅酸电池,小微型系统中,也可用镍氢电池、镍镉电池或锂电池。其作用是在有光照时将太阳能电池板所发出的电能储存起来,到需要的时候再释放出来。

4）逆变器

太阳能电池一般都是 12 V、24 V、48 V 直流电,为能向 220 V 交流电器提供电能,需要将太阳能发电系统所发出的直流电能转换成交流电能,因此需要使用 DC-AC 逆变器。

（3）太阳能发电技术的发展与现状

近几年国际上光伏发电快速发展,世界上已经建成了 10 多座 MW 级光伏发电系统,6 个兆瓦级的联网光伏电站。美国是最早制定光伏发电的发展规划的国家,1997 年提出"百万屋顶"计划。日本 1992 年启动了新阳光计划,2003 年日本光伏组件生产占世界的 50%,世界前10 大厂商有 4 家在日本。而德国新可再生能源法规定了光伏发电上网电价,大大推动了光伏市场和产业发展,使德国成为继日本之后世界光伏发电发展最快的国家。瑞士、法国、意大利、西班牙、芬兰等国也纷纷制订光伏发展计划,并投巨资进行技术开发和加速工业化进程。

中国光伏发电产业于 20 世纪 70 年代起步,90 年代中期进入稳步发展时期,太阳电池及组件产量逐年稳步增加。经过 30 多年的努力,已迎来了快速发展的新阶段。在"光明工程"先导项目和"送电到乡"工程等国家项目及世界光伏市场的有力拉动下,我国光伏发电产业迅猛发展。到 2007 年年底,中国光伏系统的累计装机容量达到 10 万 kW,从事太阳能电池生产的企业达到 50 余家,太阳能电池生产能力达到 290 万 kW,太阳能电池年产量达到 1 188 MW,超过日本和欧洲,并已初步建立起从原材料生产到光伏系统建设等多个环节组成的完整产业链,特别是多晶硅材料生产取得了重大进展,突破了年产千吨大关,冲破了太阳能电池原材料生产的瓶颈制约,为我国光伏发电的规模化发展奠定了基础。

"十二五"时期,我国新增太阳能光伏电站装机容量约 1 000 万 kW,太阳能光热发电装机容量为 100 万 kW,分布式光伏发电系统约 1 000 万 kW,光伏电站投资按平均每千瓦 1 万元测算,分布式光伏系统按每千瓦 1.5 万元测算,总投资需求约 2 500 亿元。

我国太阳能资源十分丰富,适宜太阳能发电的国土面积和建筑物受光面积也很大,其中,青藏高原、黄土高原、冀北高原、内蒙古高原等太阳能资源丰富地区占到陆地国土面积的三分之二,具有大规模开发利用太阳能的资源潜力。

太阳能资源丰富、分布广泛,是 21 世纪最具发展潜力的可再生能源。随着全球能源短缺和环境污染等问题日益突出,太阳能光伏发电因其清洁、安全、便利、高效等特点,已成为世界各国普遍关注和重点发展的新兴产业。

太阳能光伏发电在不远的将来会占据世界能源消费的重要席位,不但要替代部分常规能源,而且将成为世界能源供应的主体。预计到 2030 年,可再生能源在总能源结构中将占到

30% 以上,而太阳能光伏发电在世界总电力供应中的占比也将达到 10% 以上;到 2040 年,可再生能源将占总能耗的 50% 以上,太阳能光伏发电将占总电力的 20% 以上;到 21 世纪末,可再生能源在能源结构中将占到 80% 以上,太阳能发电将占到 60% 以上。这些数字足以显示出太阳能光伏产业的发展前景及其在能源领域重要的战略地位。

在国家相关政策支持下,中国光伏发电产业取得了举世瞩目的成绩。目前新增装机容量连续五年全球第一,截至 2022 年 3 月,中国并网光伏装机容量已经超过 3.185 5 亿 kW,光伏发电在推动中国能源转型发展中发挥了重 要的作用。

根据《可再生能源中长期发展规划》,到 2050 年,我国力争使太阳能发电装机容量达到 600 GW。预计到 2050 年,中国可再生能源的电力装机将占中国电力装机的 25%,其中光伏发电装机将占到 5%。未来十几年,我国太阳能装机容量的复合增长率将高达 25% 以上。

太阳能光伏发电站如图 3.12 所示,光伏发电技术还可用于太阳能汽车和为卫星提供能源,如图 3.13 和图 3.14 所示。

图 3.12　太阳能光伏发电

图 3.13　太阳能汽车　　　　图 3.14　太阳能电池板在卫星上的应用

3.3.6 风能发电技术

风是由空气流动引起的一种自然现象,是由太阳辐射热引起的。太阳光照射在地球表面上,使地表温度升高,地表的空气受热膨胀变轻而往上升。热空气上升后,低温的冷空气横向流入,上升的空气因逐渐冷却变重而降落,由于地表温度较高又会加热空气使之上升,这种空气的流动就产生了风。从气象学的角度来看,风常指空气的水平运动分量,包括方向和大小,即风向和风速;但对于飞行来说,还包括垂直运动分量,即所谓垂直或升降气流。

风能作为一种清洁的可再生能源,近年来受到世界各国的重视。风能蕴藏量巨大,全球的风能约为 2.74×10^9 MW,其中可利用的风能为 2×10^7 MW,比地球上可开发利用的水能总量还要大 10 倍。风能很早就被人们利用,主要是通过风车来抽水、磨面等,而现在,人们感兴趣的是如何利用风来发电。

利用风力发电的尝试,早在 20 世纪初就已经开始了。20 世纪 30 年代,丹麦、瑞典、苏联和美国应用航空工业的旋翼技术,成功地研制了一些小型风力发电装置。这种小型风力发电机广泛在多风的海岛和偏僻的乡村使用,它所获得的电力成本比小型内燃机的发电成本低得多。不过,当时的发电量较低,大都在 5 kW 以下。

1978 年 1 月,美国在新墨西哥州的克莱顿镇建成的 200 kW 风力发电机,其叶片直径为 38 m,发电量足够 60 户居民用电。而 1978 年初夏,在丹麦日德兰半岛西海岸投入运行的风力发电装置,其发电量则达 2 000 kW,风车高 57 m,所发电量的 75% 送入电网,其余供给附近的一所学校用。1979 年上半年,美国在北卡罗来纳州的蓝岭山又建成了一座世界上最大的发电用的风车。这个风车有十层楼高,风车钢叶片直径达 60 m;叶片安装在一个塔形建筑物上,因此风车可自由转动并从任何一个方向获得电力;风力时速在 38 km 以上时,发电能力也可达 2 000 kW。由于这个丘陵地区的平均风力时速只有 29 km,因此风车不能全部运动。据估计,即使全年只有一半时间运转,它就能够满足北卡罗来纳州七个县 1% ~2% 的用电需要。

风力发电的原理是利用风力带动风车叶片旋转,再通过增速机将旋转的速度提升,来促使发电机发电。依据目前的风车技术,大约是每 3 m/s 的微风速度(微风的程度),便可以开始发电。风力发电正在世界上形成一股热潮,因为风力发电没有燃料问题,也不会产生辐射或空气污染。

风力发电机因风量不稳定,故其输出的是 13 ~25 V 变化的交流电,须经充电器整流,再对蓄电池充电,使风力发电机产生的电能变成化学能。然后用有保护电路的逆变电源,把蓄电池的化学能转变成交流 220 V 市电,才能保证稳定使用。

人们通常认为风力发电的功率完全由风力发电机的功率决定,总想选购大一点的风力发电机,而这是不正确的。目前的风力发电机只是给蓄电池充电,而由蓄电池把电能储存起来,人们最终使用电功率的大小与蓄电池大小有更密切的关系。功率的大小更主要取决于风量的大小,而不仅是机头功率的大小。在内地,小的风力发电机会比大的更合适。因为它更容易被小风量带动而发电,持续不断的小风会比一时狂风更能供给较大的能量。当无风时人们还可以正常使用风力带来的电能,也就是说一台200 W风力发电机也可以通过蓄电池与逆变器的配合使用,获得500 W甚至1 000 W乃至更大的功率输出。

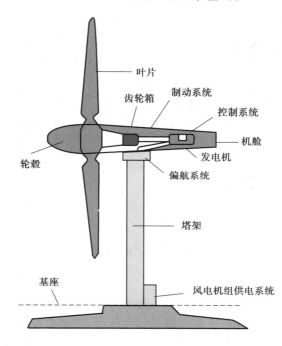

图3.15 风力发电机组成

风力发电机组成如图3.15所示。风力发电机组包括两大部分:

①风力机:将风能转换为机械能。有各种类型,按容量分为微型(<1 kW)、小型(1~10 kW)、中型(10~100 kW)、大型(>100 kW)。

②发电机:将机械能转换为电能。10 kW以下的,采用永磁式或自励式交流发电机,经整流后向负载供电及向蓄电池充电;100 kW以上的并网运行的风力发电机组,则应用同步发电机或异步发电机。

截至2022年3月,中国并网风电装机容量3.365 2亿kW,发电厂遍布全国各省、市、自治区,是继火电、水电之后的第三大电力来源,装机容量等指标已经跃居世界风电容量第一。新疆达坂城风力发电厂如图3.16所示。

图 3.16　新疆达坂城风力发电厂

3.3.7　生物质能发电技术

生物质是指由光合作用而产生的有机体。生物质能是太阳能以化学能形式储存在生物中的一种能量形式,它以生物质为载体,直接或间接地来源于植物的光合作用。在各种可再生能源中,生物质能是独特的,它是唯一可再生的碳源,可转化成常规的固态、液态和气态燃料。

生物质是仅次于煤炭、石油、天然气的第四大能源,在整个能源系统占有重要地位。生物质能一直是人类赖以生存的重要能源之一,在世界能源消耗中,生物质能占总能耗的 14%,但在发展中国家占 40% 以上。生物质能的开发利用方式如图 3.17 所示。

据估计,地球上每年植物光合作用固定的碳达 2×10^{11} t,含能量达 3×10^{21} J,因此每年通过光合作用储存在植物的枝、茎、叶中的太阳能,相当于全世界每年耗能量的 10 倍。

（1）生物质能的来源

①柴薪:至今仍是许多发展中国家的重要能源。但由于柴薪的需求导致林地日减,应适当规划与广泛植林。

②牲畜粪便:经干燥可直接燃烧供应热能。若将粪便经过厌氧处理,可产生甲烷和肥料。
③制糖作物:可直接发酵,转变为乙醇。

④水生植物:同柴薪一样,水生植物也可转化成燃料。

⑤城市垃圾:主要成分包括纸屑（占 40%）、纺织废料（占 20%）和废弃食物（占 20%）等。将城市垃圾直接燃烧可产生热能,或是经过热分解处理制成燃料使用。

⑥城市污水:一般城市污水含有 0.02% ~ 0.03% 的固体与 99% 以上的水分,下水道污泥有望成为厌氧消化槽的主要原料。

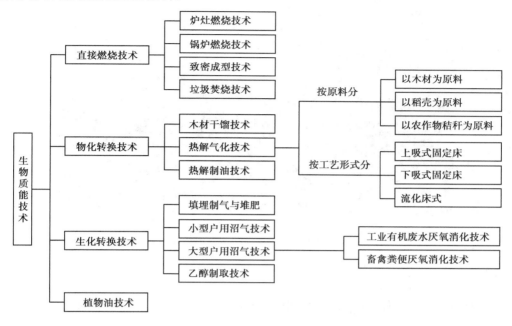

图 3.17　生物质能的开发利用方式

(2)国内外生物质能发电技术进展

生活垃圾焚烧后,质量只有焚烧前的 10%,体积最多只有 1/4。西方发达国家大都建有垃圾发电厂,美国在 20 世纪 80 年代兴建了 90 座垃圾焚烧厂,90 年代又建了近 400 座发电厂,垃圾焚烧率达 40%;日本垃圾电站有 131 座。

2005 年,我国首个秸秆与煤粉混烧发电项目在枣庄十里泉发电厂竣工投产,引进了丹麦 BWE 公司的技术设备,对 1 台 14 万 kW 机组的锅炉燃烧器进行了秸秆混烧技术改造(图 3.18)。2019 年 10 月 10 日,由中国能建广东火电承担施工总承包建设、华南电力试研院负责调试的广州市第三资源热力电厂 6 炉 4 机全面投入商业运行,这是目前国内规模最大的垃圾焚烧电厂。该项目设计规模为日均处理城市生活垃圾 4 500 t,设置 6 台 750 t/d 的机械炉排炉,6 台蒸发量为 73.5 t/h 中温中压余热锅炉,4 台 25 MW 抽凝式汽轮发电机组。该项目建于高填方边坡上,填方边坡高度达 60 m,汽机及主控厂房采用架空结构,汽轮机凝汽系统采用直接空冷 + 蒸发冷凝工艺,为国内垃圾焚烧厂首次应用。该项目的建成投产,将有效缓解广州"垃圾围城"的压力,使生活垃圾得到减量化、无害化、资源化的三化处理。

图 3.18　枣庄十里泉发电厂

3.3.8　潮汐能发电技术

潮汐是指海水在天体(主要是月球和太阳)引潮力作用下所产生的周期性运动。习惯上把海面垂直方向涨落称为潮汐,而海水在水平方向的流动称为潮流,它们是沿海地区的一种自然现象。古代称白天的河海涌水为"潮",晚上的称为"汐",合称为"潮汐"。

潮汐根据周期可分为三类。

①半日潮型:一个太阳日内出现两次高潮和两次低潮,前一次高潮和低潮的潮差与后一次高潮和低潮的潮差大致相同,涨潮过程和落潮过程的时间也几乎相等(6 小时 12.5 分)。我国渤海、东海、黄海的多数地点为半日潮型,如大沽、青岛、厦门等。

②全日潮型:一个太阳日内只有一次高潮和一次低潮,如南海汕头、渤海秦皇岛等。南海的北部湾是世界上典型的全日潮海区。

③混合潮型:一月内有些日子出现两次高潮和两次低潮,但两次高潮和低潮的潮差相差较大,涨潮过程和落潮过程的时间也不等;而另一些日子则出现一次高潮和一次低潮。我国南海多数地点属混合潮型。15 天出现全日潮,其余日子为不规则的半日潮,潮差较大。不论哪种潮汐类型,在农历每月初一、十五以后两三天内,各要发生一次潮差最大的大潮,那时潮水涨得最高,落得最低。在农历每月初八、二十三以后两三天内,各有一次潮差最小的小潮,届时潮水涨得不太高,落得也不太低。

潮汐发电是利用海湾或感潮口建筑堤坝、闸门和厂房,围成水库,水库水位与外海潮位之间形成一定的潮差(即工作水头),从而可驱动水轮发电机组发电。潮汐发电的原理与普通水力发电类似,通过水库,在涨潮时将海水储存在水库内,以势能的形式保存,然后在落潮时放出海水,利用高、低潮位之间的落差推动水轮机旋转,带动发电机发电。差别在于海水与河水不同,蓄积的海水落差不大,但流量较大,并且呈间歇性,从而潮汐发电的水轮机结构要适合低水头、大流量的特点。

20世纪初,欧、美一些国家开始研究潮汐发电。1913年,德国在北海海岸建立了第一座潮汐发电站。1961年,法国在英吉利海峡沿岸的朗斯河河口靠近圣马诺城建了一座潮汐发电站。这是世界上最早建成的潮汐发电站之一,也曾是世界上最大的潮汐发电站。这里的潮差水平为10.9 m,最大可达13.5 m;水库坝长350 m,涨潮时水库的水面能延伸到20 km长。电站坝内安装有直径为5.35 m的可逆水轮机24台,每台功率1万kW,发电量达24万kW,每年可供电530亿kW·h。法国还在圣马诺湾兴建了一座巨型潮汐电站。这座电站装机1 000万kW,相当于朗斯电站的40多倍;年发电量达到25万亿kW·h,几乎是朗斯电站的50倍。法国还准备在圣马诺湾2 000 km²的海面上建造三座拦潮坝,装配容量最大的水轮机组,使每年的发电量达35万亿kW·h。

中国从20世纪80年代开始在沿海各地区陆续兴建了一批中小型潮汐发电站并投入运行发电。其中,最大的潮汐电站是1980年5月建成的浙江省温岭县江厦潮汐试电站(图3.19),它也是世界已建成的较大双向潮汐电站之一,在世界上名列第三位。它坐落在浙江南部乐清湾北端的江厦港。江厦港为封闭式海港,在港口筑起一道15.5 m的黏土心墙堆石坝,形成一座港湾水库,总库容490万m³,发电有效库容270万m³。这里的最大潮差8.39 m,平均潮差5.08 m;电站功率3 200 kW;1989年发电量6.2亿kW·h。双向潮汐电站的特点是在涨潮、落潮两个方向均能发电。江厦电站每昼夜可发电14~15 h,比单向潮汐电站增加发电量30%~40%。江厦电站每年可为温岭、黄岩电力网提供100亿kW·h的电能。中国另一座较大规模的潮汐发电站是福建平潭幸福洋潮汐发电站,潮差平均为4.54 m,最大7.16 m。该站年发电量为31.5亿kW·h。

3.3.9 地热发电技术

(1)地热及其来源

地热的主要来源是地球物质中放射性元素衰变产生的热量。放射性元素有铀238、铀235、钍232和钾40等。放射性元素的衰变是原子核能的释放过程。放射性物质的原子核,无须外力的作用,就能自发地放出电子和氦核、光子等高速粒子并形成射线。在地球内部,这些粒子和射线的动能和辐射能在同地球物质的碰撞过程中便转变成了热能。地球内部的热不断向太空释放。这种地球物理现象就叫大地热流。

由于地球的表面积很大,单位面积内放出的热量极其微小,所以全世界平均大地热流量并不大,以致人们很难直接感觉出来。但是,其总量却非常大,而且不同地区的大地热流量是

图 3.19　江厦潮汐电站

不同的,热流高的地区地热资源较丰富。

目前一般认为,地下热水和地热蒸汽主要是由在地下不同深处被热岩体加热了的大气降水所形成的。地壳中的地热主要靠传导传输,但地壳岩石的平均热流密度低,一般无法开发利用,只有通过某种集热作用才能开发利用。例如盐丘集热,常比一般沉积岩的导热率大 2～3 倍。

大盆地中深埋的含水层也可大量集热,每当钻探打到这种含水层,就会出现大量的高温热水,这是天然集热的常见形式。

（2）地热发电

地热发电就是利用地下热水和蒸汽为动力源的一种新型发电技术。其基本原理与火力发电类似,也是根据能量转换原理,首先把地热能转换为机械能,再把机械能转换为电能。地热发电方式有地热蒸汽式发电和地下热水发电两大类。

中国地热资源多为低温地,主要分布在西藏、四川、华北、松辽和苏北。有利于发电的高温地热资源主要分布在滇、藏、川西和台湾。据估计,喜马拉雅山地带高温地热有 255 处 5 800 MW。迄今运行的地热电站有 5 处,共 27.78 MW。中国尚有大量高低温地热,尤其是西部地热。

中国最著名的地热发电在西藏羊八井镇（图 3.20）。羊八井地热位于西藏自治区拉萨市西北 90 km 的当雄县境内。这里有规模宏大的喷泉与间歇喷泉、温泉、热泉、沸泉、热水湖等,地热田面积达 17.1 km²,是我国目前已探明的最大高温地热湿蒸汽田。这里的地热水温度保持在 47 ℃ 左右,是我国内地开发的第一个湿蒸汽田,也是世界上海拔最高的地热发电站。过去,这里只是一块绿草如茵的牧场,从地下汩汩冒出的热水奔流不息,热汽日夜蒸腾。1975年,西藏第三地质大队用岩心钻在羊八井打出了我国第一口湿蒸汽井,第二年我国内地第一台 MW 级地热发电机组在这里成功发电。它是我国目前最大的地热试验基地,也是当今世界唯一利用中温浅层热储资源进行工业性发电的电厂,还是藏中电网的骨干电源之一。

图 3.20　西藏羊八井地热发电厂

3.3.10　燃料电池发电技术

燃料电池是化学能直接转化成电能的一种动力设备。燃料电池是由电池负极一侧的氢极(燃料极)输入氢气,正极侧的氧化极(空气或氧气)输入空气或氧气。正极与负极之间为电解质,电解质将两极分开。燃料电池的反应示意图如图 3.21 所示。不同种类的燃料电池采用了不同的电解质,有酸性、碱性、熔融盐类或固体电解质。在燃料电池中,燃料与氧化剂经催化剂的作用,在能量转换过程中,经过电化学反应生成电能和水(H_2O),因此,不会产生氮氧化物(NO_x)和碳氢化合物(HC)等对大气环境造成污染的气体排放。

以氢-氧燃料电池为例,这个反应是电解水的逆过程。

负极:$H_2 + 2OH^- \longrightarrow 2H_2O + 2e^-$

正极:$\dfrac{1}{2}O_2 + H_2O + 2e^- \longrightarrow 2OH^-$

电池反应:$H_2 + \dfrac{1}{2}O_2 \Longrightarrow H_2O$

(1)燃料电池的基本反应步骤

反应物向燃料电池内部传递→电化学反应→离子传导以及电子传导→产物排出。

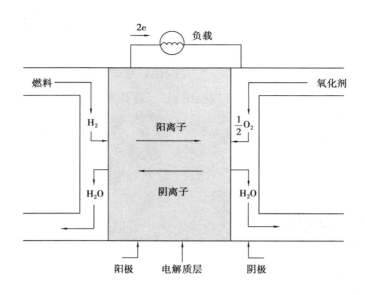

图 3.21　燃料电池的反应示意图

（2）燃料电池独特的优点

燃料电池的优点:转换效率高,可达60%;没有运转部件,噪声小;没有尺寸效应,很小的燃料电池仍具有和大尺寸相仿的效率;若以氢为燃料,排放是水,可实现"零排放"。

燃料电池根据其采用的电解质分为固体氧化物燃料电池、熔融碳酸型燃料电池、碱性燃料电池、磷酸型燃料电池、质子交换膜燃料电池等。各种燃料电池的优缺点见表3.1。我国第一辆燃料电池汽车如图3.22所示,最新技术的燃料电池手机如图3.23所示。

表 3.1　各种燃料电池的优缺点

类　型	优　点	缺　点
SOFC （固体氧化物）	1. 燃料适应性广 2. 采用非贵金属作为催化剂 3. 高品位余热可用于热电联供 4. 固体电解质 5. 较高的功率密度	1. 材料在高温下运行会产生一系列问题 2. 密封问题 3. 电池部件制造成本高
MCFC （熔融碳酸型）	1. 燃料适应性广 2. 使用非贵金属催化剂 3. 高品位余热可用于热电联供	1. CO_2 必须再循环 2. 熔融碳酸盐电解质具有腐蚀性 3. 退化/寿命问题 4. 材料昂贵

续表

类　型	优　点	缺　点
AFC（碱液型）	1. 阴极性能得到改善 2. 可以不使用贵金属作为催化剂 3. 材料成本低,电解质成本非常低廉	1. 必须使用纯的 H_2 和 O_2 2. 需周期性地更换 KOH 电解质 3. 必须从阳极及时除水 4. 电解质容易 CO_2 中毒
PAFC（磷酸型）	1. 电解质价廉,使用酸性的电解液 2. 能够直接使用烃类化合物转换的含有 CO_2 的富氢气体作为燃料 3. 技术成熟,可靠性高,长期运行性能好	1. 效率只有40% 2. 启动时间长 3. 铂催化剂昂贵 4. 对 CO 和 S 中毒敏感 5. 电解质是有腐蚀性的液体,运行时必须及时补充电解质
PEMFC（质子交换膜）	1. 所有燃料电池中功率密度最高 2. 较好的启停能力 3. 低操作温度使其更适应便携式应用	1. 采用昂贵的铂催化剂 2. 聚合物膜和辅助组件昂贵 3. 经常需要水管理 4. 非常差的 CO 和 S 容许度

图3.22　我国第一辆 PEMFC 校园车

图3.23　燃料电池手机

（3）燃料电池与普通蓄电池的区别

①燃料电池是一种能量转换装置,在工作时必须有能量(燃料)输入,才能产出电能。普通蓄电池是一种能量储存装置,必须先将电能储存到电池中,在工作时只能输出电能,在工作时不需要输入能量,也不产生电能,这是燃料电池与普通电池的本质区别。

②一旦燃料电池的技术性能确定后,其所能够产生的电能只和燃料的供应有关,只要供给燃料就可以产生电能,其放电特性是连续进行的。普通蓄电池的技术性能确定后,只能在

其额定范围内输出电能,而且必须是重复充电后才可能重复使用,其放电特性是间断进行的。

③燃料电池本体的质量和体积并不大,但燃料电池需要一套燃料储存装置或燃料转换装置和附属设备,才能获得氢气,而这些燃料储存装置或燃料转换装置和附属设备的质量和体积远远超过燃料电池本身。在工作过程中,燃料会随着燃料电池电能的产生逐渐消耗,质量逐渐减轻(指车载有限燃料)。普通蓄电池没有其他辅助设备,在技术性能确定后,不论是充满电还是放完电,蓄电池的质量和体积基本不变。

④燃料电池是将化学能转变为电能,普通蓄电池也是将化学能转变为电能,这是它们共同之处。但燃料电池在产生电能时,参加反应的反应物质不断地消耗不再重复使用,因此,要求不断地输入反应物质。普通蓄电池的活性物质随蓄电池的充电和放电变化,活性物质反复进行可逆性化学变化,活性物质并不消耗,只需要添加一些电解液等物质。

3.4 输配电系统分类及应用

电能的输送和分配是由输配电系统完成的。输配电系统包括电能传输过程中途经的所有变电所和各种不同电压等级的电力线路。

3.4.1 输电线路

输电线路是电力系统的重要组成部分,担负着输送和分配电能的重要任务。

交流输电线路按电压高低分,有高压线路(即 1 kV 以上线路)和低压线路(即 1 kV 及以下线路)。也有的细分为低压(1 kV 及以下)、中压(1 ~ 35 kV)、高压(35 ~ 330 kV)、超高压(330 ~ 1 000 kV)、特高压(1 000 kV 及以上)等线路。同时,把标称电压 ±800 kV 以下的直流电压等级定义为高压直流,把标称电压 ±800 kV 及以上的直流电压等级定义为特高压直流。输电线路按其结构形式不同分为架空线路、电缆线路和车间(室内)线路等。

(1)架空线路

架空线路主要指架空明线,架设在地面之上,是用绝缘子将输电导线固定在直立于地面的杆塔上以传输电能的输电线路。其架设及维修比较方便,成本较低,但容易受到气象和环境(如大风、雷击、污秽、冰雪等)的影响而引起故障,同时整个输电走廊占用土地面积较多,易对周边环境造成电磁干扰。

架空线路的结构如图 3.24 所示。架空线路的主要部件有:导线和避雷线(架空地线)、杆塔、绝缘子、金具、杆塔基础、拉线和接地装置等。

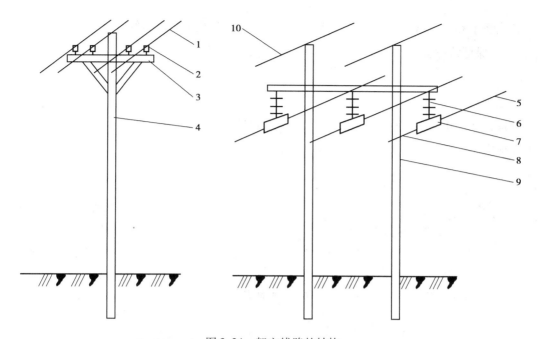

图 3.24　架空线路的结构

1—低压导线；2—低压针式绝缘子；3—低压横担；4—低压电杆；5—高压横担

6—高压悬式绝缘子串；7—线夹；8—高压导线；9—高压电杆；10—避雷线

1）导线

导线是用来传导电流、输送电能的元件。架空裸导线一般每相一根，220 kV 及以上线路由于输送容量大，同时为了减少电晕损失和电晕干扰而采用相分裂导线，即每相采用两根及以上的导线。采用分裂导线能输送较大的电能，而且电能损耗少，有较好的防振性能。导线在运行中经常受各种自然条件的影响，必须具有导电性能好、机械强度高、质量轻、价格低、耐腐蚀性强等特性。由于我国铝的资源比铜丰富，加之铝和铜的价格差别较大，故几乎都采用钢芯铝绞线。

2）避雷线

避雷线一般也采用钢芯铝绞线，且不与杆塔绝缘而是直接架设在杆塔顶部，并通过杆塔或接地引下线与接地装置连接。避雷线的作用是减少雷击导线的机会，提高耐雷水平，减少雷击跳闸次数，保证线路安全送电。

3）杆塔

杆塔是电杆和铁塔的总称。杆塔的用途是支持导线和避雷线，以使导线之间、导线与避雷线、导线与地面及交叉跨越物之间保持一定的安全距离。

4）绝缘子

绝缘子是一种隔电产品，一般是用电工陶瓷制成的，又叫瓷瓶，另外还有用钢化玻璃制作的玻璃绝缘子和用硅橡胶制作的合成绝缘子。绝缘子的用途是使导线之间以及导线和大地之间绝缘,保证线路具有可靠的电气绝缘强度,并用来固定导线,承受导线的垂直荷重和水平荷重。

5)电力金具

金具在架空电力线路中主要用于支持、固定和接续导线及绝缘子连接成串,亦用于保护导线和绝缘子。常见的电力金具如图 3.25 所示。金具按主要性能和用途,可分以下几类:

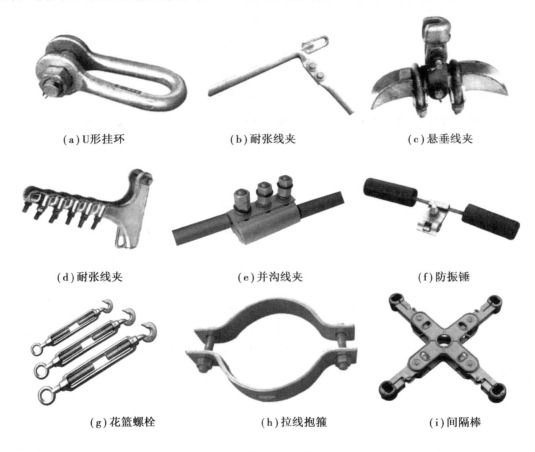

(a)U形挂环　　　　　　(b)耐张线夹　　　　　　(c)悬垂线夹

(d)耐张线夹　　　　　　(e)并沟线夹　　　　　　(f)防振锤

(g)花篮螺栓　　　　　　(h)拉线抱箍　　　　　　(i)间隔棒

图 3.25　电力金具

①线夹类。线夹是用来握住导、地线的金具。常用的有设备线夹、熔线夹、持线夹、终端线夹、穿刺接地线夹、紧线夹、绝缘穿刺线夹、双头线夹、引入线夹、并沟线夹、耐张线夹等。

②联结金具类。联结金具主要用于将悬式绝缘子组装成串,并将绝缘子串接、悬挂在杆塔横担上。常用的有 U 形挂环、二联板、直角挂板、延长环、U 形螺丝等。

③接续金具类。接续金具用于接续各种导线、避雷线的端头。常用的有接续管和补修管等。

④保护金具类。保护金具分为机械和电气两类。机械类保护金具是为防止导、地线因振

动而造成断股,电气类保护金具是为防止绝缘子因电压分布严重不均匀而过早损坏。机械类有防振锤、预绞丝护线条、重锤等;电气类金具有均压环、屏蔽环等。

6)杆塔基础

架空电力线路杆塔的地下装置统称为基础。基础用于稳定杆塔,使杆塔不致因承受垂直荷载、水平荷载、事故断线张力和外力作用而上拔、下沉或倾倒。

7)拉线

拉线用来平衡作用于杆塔的横向荷载和导线张力、可减少杆塔材料的消耗量,降低线路造价。

8)接地装置

架空地线在导线的上方,它将通过每基杆塔的接地线或接地体与大地相连,当雷击地线时可迅速地将雷电流向大地中扩散。因此,输电线路的接地装置主要是泄导雷电流,降低杆塔顶电位,保护线路绝缘不致击穿闪络。它与地线密切配合对导线起到了屏蔽作用。接地体和接地线总称为接地装置。

(2)电缆

电缆线路与架空线路相比,具有成本高、投资大、维修不便等缺点,但是它具有运行可靠、不易受外界影响、不需架设电杆、不占地面、不碍观瞻等优点。特别是在有腐蚀性气体和易燃、易爆场所,不宜架设架空线路时,只有敷设电缆线路。在现代化建筑供配电系统中,电缆线路得到了越来越广泛的应用。

按其缆芯材质分,电缆有铜芯电缆和铝芯电缆两大类。

按其采用的绝缘介质分,电缆有油浸纸绝缘电缆和塑料绝缘电缆两大类。

①油浸纸绝缘电力电缆(图 3.26)。具有耐压强度高、耐热性能好和使用寿命较长等优点,应用相当普遍。但是它工作时其中的浸渍油会流动,因此其两端的安装高度差有一定的限制,否则电缆低的一端可能因油压过大而使端头胀裂漏油,而高的一端则可能因油流失而使绝缘干枯,致使其耐压强度下降,甚至击穿损坏。

②塑料绝缘电力电缆(图 3.27)。具有结构简单,制造加工方便,质量较轻,敷设安装方便,不受敷设高度差限制以及能抵抗酸碱腐蚀等优点。

在考虑电缆缆芯材质时,一般情况下宜按"节约用铜、以铝代铜"原则,优先选用铝芯电缆。但在下列情况应采用铜芯电缆:

①振动剧烈、有爆炸危险或对铝有腐蚀等的严酷工作环境;

②安全性、可靠性要求高的重要回路;

③耐火电缆及紧靠高温设备的电缆等。

图 3.26 油浸纸绝缘电力电缆　　　　图 3.27 交联聚乙烯绝缘电力电缆

1—缆芯(铜芯或铝芯);2—油浸纸绝缘层;3—麻筋(填料);　1—缆芯(铜芯或铝芯);2—交联聚乙烯绝缘层;

4—油浸纸(统包绝缘);5—铅包;6—涂沥青的　　　　3—聚氯乙烯护套(内护层);

纸带(内护层);7—浸沥青的麻被(内护层);　　　　4—钢铠或铝铠(外护层);

8—钢铠(外护层);9—麻被(外护层)　　　　　5—聚氯乙烯外套(外护层)

（3）车间线路

车间线路包括室内配电线路和室外配电线路。室内配电线路大多采用绝缘导线,但配电干线则多采用裸导线(母线),少数采用电缆。室外配电线路指沿车间外墙或屋檐敷设的低压配电线路,一般采用绝缘导线。

绝缘导线按芯线材质分为有铜芯和铝芯两种。重要回路例如办公楼、图书馆、实验室、住宅内等的线路及振动场所或对铝线有腐蚀的场所,均应采用铜芯绝缘导线,其他场所可选用铝芯绝缘导线。

绝缘导线按绝缘材料分为橡皮绝缘导线和塑料绝缘导线两种。塑料绝缘导线的绝缘性能好,耐油和抗酸碱腐蚀,价格较低,且可节约大量橡胶和棉纱,因此在室内明敷和穿管敷设中应优先选用塑料绝缘导线。但是塑料绝缘材料在低温时要变硬变脆,高温时又易软化老化,因此室外敷设宜优先选用橡皮绝缘导线。

3.4.2 输电技术

电力传输对工业发展和能源利用有着至关重要的作用,输电技术研究的根本目的是提高现有电网的最大传输能力。我国能源分布很不均匀,形成了电力资源"西电东送""北电南送"的基本格局,具有输电距离长、容量大的特点。因此,研究新型输电技术,提高线路的传输能力是非常必要的。

（1）交流输电技术

交流电是指电流的大小及方向随时间做周期性变化。通常交流电是按正弦规律变化的。

交流电被广泛运用于电力的传输,因为在以往的技术条件下交流输电比直流输电更有效率。传输的电流在导线上的耗散功率为

$$P = I^2 R \tag{3.2}$$

由式(3.2)可知,要降低能量损耗就需要降低传输的电流或电线的电阻。由于成本和技术所限,很难降低目前使用的输电线路(如铜线)的电阻,所以降低传输的电流是唯一而且有效的方法。

$$P = \frac{U^2}{R} \tag{3.3}$$

由式(3.3)可知,提高电网的电压即可降低导线中的电流,以达到节约能源的目的。而交流电升降压容易的特点正好适合实现高压输电。使用结构简单的升压变压器即可将交流电升至几千至几十万伏,从而使电线上的电力损失极少。在城市内一般使用降压变压器将电压降至几万至几千伏以保证安全,在进户之前再次降低至市电电压或者适用的电压供用电器使用。输电线路施工作业如图 3.28 所示。

图 3.28　输电线路施工作业

（2）直流输电技术

直流电是指电流的大小相对于时间是恒定的,方向也不改变。

直流输电系统的一次电路主要由整流站、直流线路和逆变站三部分组成。送端与受端交流系统与直流输电系统也有密切的关系,它们给整流器和逆变器提供实现换流的条件,同时送端电力系统作为直流输电的电源提供所传输的功率,而受端则相当于负载,接受由直流输

电送来的功率。直流输电的控制保护系统与交流输电不同,它是实现直流输电正常启动和停运、正常运行、运行参数的改变、自动调节以及故障处理和保护等必不可少的组成部分。此外,为了利用大地(或海水)为回路,大部分直流输电工程还有接地极和接地极引线。因此,直流输电系统由整流站、直流输电线路、逆变站、控制保护系统以及接地极及其引线等五部分组成。

直流输电线路相对交流几乎无无功损耗,输送距离更远;直流输电每回路只需两根线缆,相对交流的三根线缆大大减少了金属的消耗,且同电压等级线路占地走廊也要少得多,减少了投资;直流输电过程中无交变磁场的产生,对外界(如通信、电视、广播等)干扰少等。

(3)输电新技术

输电技术的发展趋势是高电压、大容量、远距离,目标是提高输送能力,主要技术有特高压输电、高压直流输电、柔性交流输电、分频输电等。

1)特高压输电

我国发展特高压指的是在现有 500 kV 交流和 ±500 kV 直流之上采用更高一级电压等级输电技术,包括 1 000 kV 级交流特高压和 ±1 100 kV 直流特高压两部分,简称国家特高压骨干电网。特高压输电技术的优点:

①能满足远距离、大容量输电的需要。交流特高压输电线路的送电能力每回线可以接近或超过 4 000 MW。

②适用于电网本身容量较大、电网间交换功率较多的电网。

③节省输电走廊。

④减少输电损耗。

⑤降低短路电流。

⑥减少输电瓶颈,适应电力市场开放。

⑦实现更大范围的资源优化配置。

2)高压直流输电(HVDC)

高压直流输电换流技术如图 3.29 所示。高压直流输电优点和特点(与交流输电相比):

①输送容量大。

②输送功率的大小和方向可以快速控制和调节。

③直流架空线路的走廊宽度约为交流线路的一半。

④直流电缆线路没有交流电缆线路中电容电流的困扰,没有磁感应损耗和介质损耗,基本上只有芯线电阻损耗,绝缘电压相对较低。

⑤直流输电工程的一个极发生故障时另一个极能继续运行。

⑥能够提高电力系统暂态稳定水平。

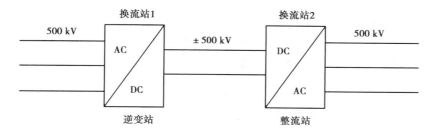

图 3.29　高压直流输电换流技术

3）柔性交流输电系统（FACTS）

20 世纪 80 年代中期，美国电力科学研究院（EPRI）首次提出 FACTS（Flexible AC Transmission Systems）概念：应用大功率、高性能的电力电子元件制成可控的有功或无功电源以及电网的一次设备等，以实现对输电系统的电压、阻抗、相位角、功率、潮流等的灵活控制，将原基本不可控的电网变得可以全面控制，从而大大提高电力系统的高度灵活性和安全稳定性，使得现有输电线路的输送能力大大提高。

柔性交流输电技术是电力电子技术与现代控制技术结合，实现对电力系统电压、参数（如线路阻抗）、相位角、功率潮流的连续调节控制，从而大幅度提高输电线路输送能力和提高电力系统稳定水平，降低输电损耗。

柔性交流输电系统的作用：

①能在较大范围有效控制潮流。

②线路输送能力可增大至接近导线的热极限。例如，一条 500 kV 线路的安全送电极限为 1 000 ~ 2 000 kW，线路的热极限为 3 000 kW，采用 FACTS 技术后，可使输送能力提高 50% ~ 100%。

③电网和设备故障的危害可得到限制。

④易阻尼消除电力系统振荡，提高系统的稳定性。

（4）**分频输电**

1994 年，国际上首次公开提出了分频输电方式。如今部分发达国家正致力于改善交流线路的输送能力和特性，美国、德国、南非、印度尼西亚、日本等国家对分频输电方式都非常关注。2004 年加拿大已经采用世界上第一个变频电机以提高输电容量。

在传统的电力运输和配送中，只是改变了电压等级。实际上改变电压频率在输电中可以实现巨大经济效益。可以在较低频率条件下输电，在较高频率下用电。该技术的关键设备为倍频变压器。目前该技术的发展方向为柔性分频输电技术。

分频输电可望成为我国远距离交流输送方式的又一有效选择。分频输电方式的实质就是通过降低输 电频率，从而降低线路阻抗以达到大幅度提高线路输送容量的目的。假设以同样电压相同距离送电,采用美国先进的交流灵活输电方式,也只能提高线路30%~40%的送电容量;而以分频输电方式即送电频率由50 Hz降为50/3 Hz时,理论上线路送电容量可达前者的三倍,由此能大大减少输电回路数和占地走廊。

3.5 变电站分类及应用

变电站是改变电压的场所。为了把发电厂发出来的电能输送到较远的地方,减小线路损耗,必须把电压升高,变为高压电,而到用户附近则按需要把电压降低,这种升降电压的工作都靠变电站来完成。

3.5.1 变电站的分类

变电站是电力系统中变换电压、接受和分配电能、控制电力的流向和调整电压的电力设施,它通过其变压器将各级电压的电网联系起来。在电力系统中,变电站是输电和配电的集结点。

变电站按规模大小不同,规模大的称为变电站,规模小的称为变电所。

①变电站:包括各种电压等级的升压变电站(图3.30)和降压变电站(图3.31)。

②变电所:一般是电压等级在110 kV以下的降压变电站。

图3.30　降压变电站　　　　　　　　　　图3.31　箱式变电站

3.5.2 变电站的主要设备

变电站中,起变换电压作用的设备是变压器,除此之外,变电站的设备还有开闭电路的开关设备,汇集电流的母线、计量和控制用互感器、仪表、继电保护装置和防雷保护装置、调度通信装置等。有的变电站还有无功补偿设备。

(1)变压器

变压器是变电站的主要设备,可分为双绕组变压器、三绕组变压器和自耦变压器(即高、低压每相共用一个绕组),从高压绕组中间抽出一个头作为低压绕组的出线的变压器等。电压高低与绕组匝数成正比,电流则与绕组匝数成反比。

变压器按其作用可分为升压变压器和降压变压器。前者用于电力系统送端变电站,后者用于受端变电站。变压器的电压需与电力系统的电压相适应。为了在不同负荷情况下保持合格的电压有时需要切换变压器的分接头。

按分接头切换方式分类,变压器有带负荷有载调压变压器和无负荷无载调压变压器。有载调压变压器主要用于受端变电站。

(2)电压互感器和电流互感器

电压互感器和电流互感器的工作原理和变压器相似,它们把高电压设备和母线的运行电压、大电流即设备和母线的负荷或短路电流按规定比例变成测量仪表、继电保护及控制设备的低电压和小电流。在额定运行情况下,电压互感器二次电压为 100 V,电流互感器二次电流为 5 A。电流互感器的二次绕组经常与负荷相连近于短路,绝不能让其开路,否则将因高电压而危及设备和人身安全或使电流互感器烧毁。

(3)开关设备

开关设备包括断路器、隔离开关、负荷开关、高压熔断器等都是断开和合上电路的设备。

1)断路器

断路器在电力系统正常运行情况下用来合上和断开电路故障时在继电保护装置控制下自动把故障设备和线路断开,还可以有自动重合闸功能。在我国,220 kV 以上变电站使用较多的是空气断路器和六氟化硫断路器。

2)隔离开关

隔离开关(刀闸)的主要作用是在设备或线路检修时隔离电压,使电路形成一个明显的断开点,以保证维修人员安全。它不能断开负荷电流和短路电流,应与断路器配合使用。在停电时应先拉断路器后拉隔离开关,送电时应先合隔离开关后合断路器。如果误操作将引起设备损坏和人身伤亡等事故。

3)负荷开关

负荷开关能在正常运行时断开负荷电流但是没有断开故障电流的能力,一般与高压熔断丝配合用于 10 kV 及以上电压且不经常操作的变压器或出线上。

4)其他设备

为了减少变电站的占地面积,近年来积极发展六氟化硫全封闭组合电器(GIS)。它把断路器、隔离开关、母线、接地开关、互感器、出线套管或电缆终端头等分别装在各自密封间中集中组成一个整体外壳充以六氟化硫气体作为绝缘介质。这种组合电器具有结构紧凑、体积小、质量轻、不受大气条件影响,检修间隔长、无触电事故和电噪声干扰等优点。它的缺点是价格贵,制造和检修工艺要求高。

(4)防雷设备

变电站安装的防雷设备主要有避雷针和避雷器。避雷针是为了防止变电站遭受直接雷击将雷电对其自身放电把雷电流引入大地。在变电站附近的线路上落雷时,雷电波会沿导线进入变电站,产生过电压。另外,断路器操作等也会引起过电压。避雷器的作用是当过电压超过一定限值时,自动对地放电降低电压保护设备,放电后又迅速自动灭弧,保证系统正常运行。目前,使用最多的是氧化锌避雷器。

3.6 供用电技术

3.6.1 电力负荷

(1)电力负荷的基本概念

电力负荷又称电力负载,有两种定义:一是只耗用电能的用电设备和用户,如重要负荷、一般负荷、动力负荷、照明负荷等。二是指用电设备耗用的功率或电流大小,如轻负荷(轻载)、重负荷(重载)、空负荷(空载)、满负荷(满载)等。电力负荷的具体定义视具体情况而定。

电力负荷设备包括异步电动机、同步电动机、各类电弧炉、整流装置、电解装置、制冷制热设备、电子仪器和照明设施等,它们分属于工农业、企业、交通运输、科学研究机构、文化娱乐和人民生活等方面的各种电力用户。根据电力用户的不同负荷特征,电力负荷可区分为各种工业负荷、农业负荷、交通运输业负荷和人民生活用电负荷等。

负荷是随机变化的用电设备的启动或停止、负荷随工作的变化,完全是随机的,但却显示出某种程度的规律性。例如某些负荷随季节(冬、夏季)、企业工作制(一班或倒班作业)的不同而出现一定程度的变化。其变化的规律性可用负荷曲线来描述。所谓负荷曲线,就是指在某一段时间内用电设备有功、无功负荷随时间变化的图形,分别构成有功负荷曲线(P)和无功负荷曲线(Q),常用的是有功负荷曲线。每类负荷曲线按时间坐标长短的不同,可分为日负荷曲线、年负荷曲线等。按描述的负荷范围不同还可区分为用户(变电所)负荷曲线、地区负荷曲线和电力系统、发电厂负荷曲线等。

(2)电力负荷的等级

电力负荷应根据对供电可靠性的要求及中断供电在政治、经济上所造成损失或影响的程度进行分级,并应符合下列规定。

1）符合下列情况之一时，应为一级负荷：

①中断供电将造成人身伤亡时。

②中断供电将在政治、经济上造成重大损失时。例如：重大设备损坏、重大产品报废、用重要原料生产的产品大量报废、国民经济中重点企业的连续生产过程被打乱需要长时间才能恢复等。

③中断供电将影响有重大政治、经济意义的用电单位的正常工作。例如：重要交通枢纽、重要通信枢纽、重要宾馆、大型体育场馆、经常用于国际活动的大量人员集中的公共场所等用电单位中的重要电力负荷。在一级负荷中，当中断供电将发生中毒、爆炸和火灾等情况的负荷，以及特别重要场所的不允许中断供电的负荷，应视为特别重要的负荷。

2）符合下列情况之一时，应为二级负荷：

①中断供电将在政治、经济上造成较大损失时。例如：主要设备损坏、大量产品报废、连续生产过程被打乱需较长时间才能恢复、重点企业大量减产等。

②中断供电将影响重要用电单位的正常工作。例如：交通枢纽、通信枢纽等用电单位中的重要电力负荷，以及中断供电将造成大型影剧院、大型商场等较多人员集中的重要的公共场所秩序混乱。

3）不属于一级和二级负荷者应为三级负荷。

（3）电力负荷对电源的要求

①一级负荷：一律应由两个独立电源供电。

②二级负荷：应由双回线路进行供电。

③三级负荷：三级负荷对电源没有特别的要求。

（4）按工作制的负荷分类

电力负荷按其工作制可分为三类。

1）连续工作制负荷

连续工作制负荷是指长时间连续工作的用电设备，其特点是负荷比较稳定，连续工作发热使其达到热平衡状态，其温度达到稳定温度，用电设备大都属于此类设备。如泵类、通风机、压缩机、电炉、运输设备、照明设备等。

2）短时工作制负荷

短时工作制负荷是指工作时间短、停歇时间长的用电设备。其运行特点为工作时其温度达不到稳定温度，停歇时其温度降到环境温度，此负荷在用电设备中所占比例很小。如机床的横梁升降、刀架快速移动电动机、闸门电动机等。

3）反复短时工作制负荷

反复短时工作制负荷是指时而工作、时而停歇、反复运行的设备，其运行特点为工作时温度达不到稳定温度,停歇时也达不到环境温度。如起重机、电梯、电焊机等。

3.6.2 电能的质量

电能质量即电力系统中电能的质量。理想的电能应该是完美对称的正弦波。但是一些因素会使波形偏离对称正弦,由此便产生了电能质量问题。

(1)定义

电能质量问题可以定义为:导致用电设备故障或不能正常工作的电压、电流或频率的偏差,其内容包括频率偏差、电压偏差、电压波动与闪变、三相不平衡、瞬时或暂态过电压、波形畸变(谐波)、电压暂降、中断、暂升以及供电连续性等。从严格意义上讲,衡量电能质量的主要指标有电压、频率和波形;从普遍意义上讲,是指优质供电,包括电压质量、电流质量、供电质量和用电质量。

(2)电能质量具体指标

1)电网频率

我国电力系统的标称频率为 50 Hz。GB/T 15945—2008《电能质量 电力系统频率偏差》规定:电力系统正常运行条件下频率偏差限值为 ±0.2 Hz,当系统容量较小时,偏差限值可放宽到 ±0.5 Hz,标准中没有说明系统容量大小的界限。

2)电压偏差

35 kV 及以上供电电压正、负偏差的绝对值之和不超过标称电压的 10%;20 kV 及以下三相供电电压偏差为标称电压的 ±7%;220 V 单相供电电压偏差为标称电压的 +7%,−10%。

3)三相电压不平衡

电力系统公共连接点电压不平衡度限值为:电网正常运行时,负序电压不平衡度不超过 2%,短时不得超过 4%;低压系统零序电压限值暂不做规定,但各相电压必须满足 GB/T 12325—2008 的要求。接于公共连接点的每个用户引起该点负序电压不平衡度允许值一般为 1.3%,短时不超过 2.6%。

4)公用电网谐波

6~220 kV 各级公用电网电压(相电压)总谐波畸变率是 0.38 kV 为 5.0%,6~10 kV 为 4.0%,35~66 kV 为 3.0%,110 kV 为 2.0%;用户注入电网的谐波电流允许值应保证各级电网谐波电压在限值范围内,所以国标规定各级电网谐波源产生的电压总谐波畸变率是:0.38 kV 为 2.6%,6~10 kV 为 2.2%,35~66 kV 为 1.9%,110 kV 为 1.5%。对 220 kV 电网及其供电的电力用户参照本标准 110 kV 执行。

5)公用电网间谐波

间谐波电压含有率是 1 000 V 及以下 <100 Hz 为 0.2%,100~800 Hz 为 0.5%,1 000 V

以上 < 100 Hz 为 0.16% ,100 ~ 800 Hz 为 0.4% ,800 Hz 以上处于研究中。单一用户间谐波含有率是 1 000 V 及以下 < 100 Hz 为 0.16% ,100 ~ 800 Hz 为 0.4% ,1 000 V 以上 < 100 Hz 为 0.13% ,100 ~ 800 Hz 为 0.32% 。

6）波动和闪变

电力系统公共连接点,在系统运行的较小方式下,以一周（168 h）为测量周期,所有长时间闪变值 Plt 满足：≤110 kV,Plt = 1 ; > 110 kV,Plt = 0.8 ;以及单个用户的相关规定。

7）电压暂降与短时中断

电压暂降是指电力系统中某点工频电压方均根值突然降低至 0.1 ~ 0.9 pu,并在短暂持续 10 ms ~ 1 min 后恢复正常的现象。

短时中断是指电力系统中某点工频电压方均根值突然降低至 0.1 pu 以下,并在短暂持续 10 ms ~ 1 min 后恢复正常的现象。

3.6.3　电力市场

电力市场是指基于市场经济原则,为实现电力商品交换的电力工业组织结构、经营管理和运行规则的总和。电力市场又是一个具体的执行系统,包括交易场所、交易管理系统、计量和结算系统、信息和通信系统等。

（1）电力市场的发展背景

电力工业由于其本身的特点,一直是发、输、配、用电组合在一起的地区性垄断产业。随着全球兴起的经济自由化浪潮,一些与电力工业类似的垄断产业,如石油天然气、电信等产业的改革取得成效,促使 20 世纪 80 年代在全球范围内开始电力工业的改革,其目的是要打破电力工业的垄断经营,解除或放松政府对电力工业垄断的管制,对电力工业实现结构性重组（如发电、输电、配电的解开）,开放电网,形成一个公平竞争的电力市场,以达到降低发电成本和电价,提高对用户的服务水平。不同的国家将根据其历史的发展和现状,以不同的方式和步骤来进行电力工业的这一巨大改革。这将使传统的电力工业规划、设计、建设和运行发生很大的变化,涉及电力工业经济、管理、技术等各部门全方位的改组、配合和协调。

（2）电力市场模式

根据世界各国电力工业的历史发展和现状,以及对电力工业改革的要求和步骤,电力市场的模式一般可分为垄断性市场、开放发电市场、开放输电市场和开放配电市场四种。

①垄断性市场：发电输电和配电全部由一家公司经营。

②开放发电市场：发电厂独立经营,竞价上网,输电与配电仍垄断经营。

③开放输电市场：发电竞价,输电网开放,配电仍垄断经营,但可由一些供电公司组成。供电公司和大用户获得买电的选择权。

④开放配电市场：发电竞价，输电网和配电网开放，全部用户获得买电的选择权。输电网和配电网的开放引出了第三方的准入或双边贸易问题。

目前，许多国家的电力工业都在进行打破垄断、解除管制、引入竞争、建立电力市场的电力体制改革，目的在于更合理地配置资源，提高资源利用率，促进电力工业与社会、经济、环境的协调发展。在我国，电力工业快速发展的同时，电力体制改革也逐步深入，电力工业以"公司制改组、商业化运营、法制化管理"为改革目标的基本取向，从现在起到21世纪初，在发电领域将逐步引入竞争机制，逐步形成开放发电侧的经营模式，即各发电公司按电价竞争上网的市场机制，即形成初步的电力市场化。

竞争性电力市场具有开放性、竞争性、计划性和协调性。竞争性电力市场的要素包括市场主体（售电者、购电者）、市场客体（买卖双方交易的对象，如电能、输电权、辅助服务等）、市场载体、市场价格、市场规则等。

3.6.4 电力运行与控制

电力系统运行方式是电力系统调度部门编制的电力系统生产和运行的技术方案。从时间上分，有年、月、日的；从使用上分，有正常、检修、事故后的等。它们之间互相渗透、联系紧密。月、日方式是年方式的具体体现和延续过程，年方式中有正常方式，也有检修方式。它们的内容并不完全相同，研究的重点也不同。

（1）电力系统年运行方式

电力系统年度运行方式的编制从负载预测和有功功率、无功功率平衡开始，然后进行短路容量、功率分布、稳定、经济调度、内部过电压、可靠性分析等专题计算，在计算分析的基础上结合运行经验编制出年度运行方式。

①预测出电力系统分月最大负载；

②按月编制电力系统最大可调出力；

③与互联的各个电力系统商定的电力系统联络线每月电力、电量交换计划、和备用容量表；

④发电和输变电设备检修计划进度表；

⑤发电厂控制运用计划；

⑥电力系统各厂站母线短路容量表；

⑦电力系统正常与主要设备检修方式下的功率分布图；

⑧电力系统无功功率平衡及调整措施和电压中枢点电压水平及电压调整措施；

⑨电力系统正常运行与主要设备检修的接线方式；

⑩电力系统有功功率与无功功率的经济调度方案；

⑪电力系统自动低频减负载装置整定方案；

⑫电力系统主要输电线路的送电极限表，电力系统稳定性分析及提高稳定的措施；

⑬电力系统各级调度机构事故紧急限电序位表，电力系统安全自动装置整定方案及使用规定；

⑭对继电保护配置和整定的要求；

⑮对调度自动化系统功能的要求和对通信信息传输的特殊要求等。

（2）电力系统正常运行方式

电力系统正常运行方式是保障电力系统在正常状态下（包含发电机组检修）安全经济运行的方式。它是根据有关部门提供的计划资料和电力系统运行记录，经过综合计算分析，由调度部门编制出来的。正常运行方式体现在年、月、日的运行方式中，它们的区别在于有效期限不同和内容的侧重点不同。

电力系统正常运行方式的基本内容有：

①电力系统负载预测；

②电力、电量平衡计划；

③各发电厂发电计划；

④系统间联络线送受电力、电量计划；

⑤发电厂控制运用计划；

⑥电力系统运行接线方式；

⑦水库运用计划和抽水蓄能发电厂的运行方式；

⑧电力系统经济调度方案；

⑨输电线路稳定极限表；继电保护；

⑩全自动装置整定方案；

⑪提高电力系统安全稳定性的措施；

⑫事故紧急限电序位表；

⑬有关重大倒闸操作的要求和主要步骤；

⑭典型事故处理方案。

（3）电力系统检修运行方式

电力系统检修运行方式是电力系统中主要设备检修时的运行方式。编制电力系统检修运行方式的目的在于当设备检修时系统仍能正常运行。

（4）电力系统事故后运行方式

电力系统事故后运行方式是电力系统在发生事故之后可以暂时维持运行所编制的非正常运行方式。事故后运行方式多是针对电力系统运行上的薄弱环节按可能发生的影响较大的事故而编制的。电力系统处于事故后运行方式时,其可靠性下降。作为向正常运行方式过渡的临时运行方式,其持续时间应尽量缩短。

3.6.5 用电安全

虽然电能给社会生产和人们生活带来了极大的便利,但是如果在生产和生活中不注意用电安全,就会给生命和财产带来巨大的危害。掌握一定的用电常识,可以在一定程度上避免或减轻这种伤害。

(1)电对人体的伤害

电对人体的伤害主要包括电击和电伤两种。

1)电击

电击是指电流通过人体时,破坏人的心脏、神经系统、肺部等的正常工作而造成的伤害。它可以使肌肉抽搐,内部组织损伤,造成发热发麻、神经麻痹等,甚至引起昏迷、窒息、心脏停止跳动而死亡。触电死亡大部分事例是由电击造成的。人体触及带电的导线、漏电设备的外壳或其他带电体,以及由于雷击或电容放电,都可能导致电击。电流的大小是造成电击伤害的主要因素,人体的安全电流是 30 mA。人体对电的承受能力与以下因素有关:

①电流的种类和频率。

②电流的大小和通电的时间。

③通过人体的电流路径。

④电压的高低。

⑤人的身体状况。

表 3.2 人体对电流的反应

100 ~ 200 μA	对人体无害反而能治病
8 ~ 10 mA	手摆脱电极已感到困难,有剧痛感(手指关节)
20 ~ 25 mA	手迅速麻痹,不能自动摆脱电极,呼吸困难
50 ~ 80 mA	呼吸困难,心房开始震颤
90 ~ 100 mA	呼吸麻痹,三秒钟后心脏开始麻痹,停止跳动

2)电伤

电伤是指电流的热效应、化学效应、机械效应作用对人体造成的局部伤害,它可以是电流通过人体直接引起也可以是电弧或电火花引起。电伤包括电弧烧伤、烫伤、电烙印、皮肤金属化、电气机械性伤害、电光眼等不同形式的伤害(电工高空作业不小心跌下造成的骨折或跌伤也算作电伤),其临床表现为头晕、心跳加剧、出冷汗或恶心、呕吐,皮肤烧伤处疼痛。

（2）**安全电压**

当人体电阻一定时,人体接触的电压越高,通过人体的电流就越大,对人体的损害也就越严重。但并不是人一接触电源就会对人体产生伤害。在日常生活中,我们用手触摸普通干电池的两极,人体并没有任何感觉,这是因为普通干电池的电压较低(直流 15 V)。作用于人体的电压低于一定数值时,在短时间内,电压对人体不会造成严重的伤害事故,我们称这种电压为安全电压。通常情况下,不高于 36 V 的电压对人是安全的,称为安全电压。

为确定安全条件,往往不采用安全电流,而是采用安全电压来进行估算:一般情况下,也就是干燥而触电危险性较小的环境下,安全电压规定为 36 V,对于潮湿而触电危险性较大的环境(如金属容器、管道内施焊检修),安全电压规定为 12 V。这样,触电时通过人体的电流可被限制在较小范围内,可在一定的程度上保障人身安全。

1983 年 7 月 7 日发布的中华人民共和国国家标准,对安全电压的定义、等级作了明确的规定:

①为防止触电事故,规定了特定的供电电源电压系列。在正常和故障情况下,任何两个导体间或导体与地之间的电压上限不得超过交流电压 50 V。

②安全电压的等级分为 42 V、36 V、24 V、12 V、6 V。当电源设备采用 24 V 以上的安全电压时,必须采取防止可能直接接触带电体的保护措施。因为尽管是在安全电压下工作,一旦触电虽然不会导致死亡,但是如果不及时摆脱,时间长了也会产生严重后果。另外,由于触电的刺激可能引起人员坠落、摔伤等二次性伤亡事故。

③在潮湿环境中,人体的安全电压为 12 V。正常情况下,人体的安全电压不超过 50 V。当电压超过 24 V 时应采取接地措施。

（3）**触电的四种方式**

①单相触电:单个相线之间的触电。

②两相触电:两个相线之间的触电。

③接触触电:触摸而导致的触电。

④跨步触电:在高压线接触的地面附近产生了环形的电场。即以高压线触地点为圆心,从接触点到周围有一个放射状电压递减的电压分布。圆心处电压等于高压电线上的电压,离开圆心越远的点上电压越小。跨步触电示意图如图 3.32 所示。

触电之后,要使触电者迅速脱离电源。

（4）**触电后的措施**

不可触摸触电者。总体说来就是拉、切、挑、拽、垫。

①拉:就近拉开电源开关,使电源断开。

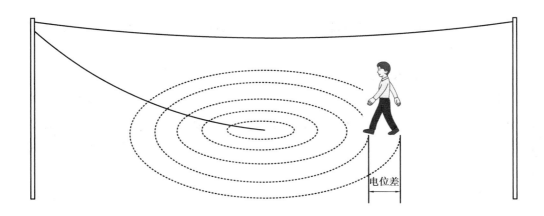

图 3.32 跨步触电

②切：用带有可靠绝缘柄的电工钳、锹、镐、刀、斧等利器将电源切断,切断时应注意防止带电导线断落碰触周围人。

③挑：如果导线搭落在触电者身上或压在身下,可用干燥的木棒、竹竿将导线挑开。

④拽：救护人戴上手套或在手上包缠干燥的衣物等绝缘物品拖拽触电者脱离电源。

⑤垫：如果触电人由于痉挛手指紧握导线或导线绕在身上,这时可先用干燥的木板或橡胶绝缘垫塞进触电人身下,使其与大地绝缘,隔断电源的通路。

(5)电气事故

电气事故是由电流、电磁场、雷电、静电和某些电路故障等直接或间接造成建筑设施、电气设备毁坏、人、动物伤亡,以及引起火灾和爆炸等后果的事件。

电气根据电能的不同作用形式,分为触电事故、静电危害事故、雷电事故、电磁辐射危害事故、电气系统事故、电气火灾事故等。

针对各种电气事故,需要加强预防措施。在技术方面,首先要从电气设备设计入手,提高设备本质安全,在设备安装、调试、操作、运行、检查、维护、技术改造等环节进一步完善电气安全技术措施,研究事故发生的机理及对策。在管理方面,要健全和完善各种电气安全组织管理措施,加强员工培训,增强安全意识。

3.7 电力系统及其自动化发展新技术

随着科技的发展,电力工业面临着新的课题和挑战。依靠现代信息技术和控制技术,积极发展智能电网,以适应可持续发展的要求,已经成为电力工业需要积极面对的问题。

3.7.1　电力系统继电保护

（1）继电保护的基本概念

在电力系统运行中，外界因素（如雷击、鸟害等），内部因素（绝缘老化、损坏等）及操作等，都可能引起各种故障及不正常运行的状态出现，常见的故障有：单相接地、三相短路、两相短路、两相接地短路、断线等。

电力系统非正常运行状态有：过负荷，过电压，非全相运行，振荡，次同步谐振，同步发电机短时失磁异步运行等。

电力系统继电保护和安全自动装置是在电力系统发生故障和不正常运行情况时，用于快速切除故障，消除不正常状况的重要自动化技术和设备。电力系统发生故障或危及其安全运行的事件时，它们能及时发出告警信号，或直接发出跳闸命令以终止事件。

（2）继电保护的基本任务

①自动迅速、有选择地跳开特定的断路器。

②反映电气元件的不正常运行状态。

（3）电力系统对继电保护的基本要求

1）选择性

当系统发生故障时，继电保护装置只将故障设备切除，使停电范围尽量缩小，保证无故障部分继续运行。

2）速动性

电力系统发生故障时，要求能快速切除故障以提高电力系统并列运行的稳定性；减少用户在电压降低的异常情况下的运行时间，使电动机不致因电压降低时间过长而处于停止转动状态，并利于电压恢复时电动机的自启动，以加速恢复正常运行的进程。此外，还可避免扩大事故，减轻故障元件的损坏程度。

3）灵敏性

灵敏性是指保护对其保护范围内的故障或不正常运行状态的反应能力，对于保护范围内故障，不论短路点的位置在哪里、短路类型如何、运行方式怎样变化，保护均应灵敏正确地反应。

4）可靠性

这就是在保护范围以内发生属于它应该动作的故障时，不应该由于它本身的缺陷而拒绝动作；而在其他任何不属于它动作的情况下，不应该误动作。

电力系统继电保护的发展经历了机电型、整流型、晶体管型和集成电路型几个阶段。

微机保护是用微型计算机构成的继电保护，是电力系统继电保护的发展方向（现已基本实现,尚需发展)。它具有高可靠性,高选择性,高灵敏度。微机保护装置硬件包括微处理器(单片机)为核心,配以输入、输出通道,人机接口和通信接口等。该系统广泛应用于电力、石化、矿山冶炼、铁路以及民用建筑等。微机的硬件是通用的,而保护的性能和功能是由软件决定。

微机保护的原理:微机保护装置的数字核心一般由 CPU、存储器、定时器/计数器、Watchdog 等组成。数字核心的主流为嵌入式微控制器(MCU),即通常所说的单片机;输入输出通道包括模拟量输入通道,和数字量输入输出通道(人机接口和各种告警信号、跳闸信号及电度脉冲等)。

3.7.2 电力系统远动

电力系统远动是指电力系统调度服务的远距离监测、控制技术,即管理和监控分布甚广的众多厂、所、站和设备、元器件的运行工况的一种技术手段。

电力系统远动为电力系统调度服务的远距离监测、控制技术。由于电能生产的特点,能源中心和负荷中心一般相距甚远,电力系统分布在很广的地域,其中发电厂、变电所、电力调度中心和用户之间的距离近则几十千米,远则几百千米甚至数千千米。要管理和监控分布甚广的众多厂、所、站和设备、元器件的运行工况,已不能用通常的机械联系或电联系来传递控制信息或反馈的数据,必须借助于一种技术手段,这就是远动技术。它将各个厂、所、站的运行工况(包括开关状态、设备的运行参数等)转换成便于传输的信号形式,加上保护措施以防止传输过程中的外界干扰,经过调制后,由专门的信息通道传送到调度所。在调度所的中心站经过反调制,还原为原来对应于厂、所、站工况的一些信号再显示出来,供给调度人员监控之用。调度人员的一些控制命令也可以通过类似过程传送到远方厂、所、站,驱动被控对象。这一过程实际上涉及遥测、遥信、遥调、遥控,所以,远动技术是四遥的结合。

随着科学技术的发展,远动技术的内容和实现的技术手段也在不断发展、更新,大体可分为 3 个阶段。

第一阶段(20 世纪 30 年代):以继电器和电子管为主要部件构成远动设备。这些设备用继电器、磁心构成遥信、遥调、遥控设备;用电子管和磁放大器构成脉冲频率式遥测;调制解调采用脉冲调幅式。这些设备的运行是可靠的,在电力系统的调度管理中发挥过一定的作用。

第二阶段(20 世纪 50—60 年代初):以半导体器件为主体,采用模数转换技术和脉冲编码技术、信息论中抗干扰编码,与计算机技术相结合的综合远动设备;将遥信、遥测、遥调、遥控综合为循环式点对点远动设备;调制解调器采用调频制为主。

第三阶段(20 世纪 60 年代以后):采用微型计算机构成远动系统,其主要特征是在主站端(调度端)形成前置机接收、处理远动信息,可以接收多个远方站的信息,前置机可以向上级转发信息和驱动模拟盘。前置机应能接收处理符合标准的远动信息,还要能接入各类已在使用的远动设备的信息。后台机完成数据处理、驱动屏幕显示和打印制表等安全监控功能。后台机可采用超小型机、小型机或高档微型计算机。远方站的远动设备也采用微型机。这种系统除了传统的远动功能、模拟转换、遥信扫描、遥控之外,还扩展了事故顺序记录、全系统时钟对时、事故追忆、发(耗)电量统计和传送,增加当地功能,如电容器投切、接地检查,当地屏幕显示和打印制表以及其他需要的功能,远方站扩大功能时要发展成多机系统或采用高功能微型机。

为了保证整个安全监控系统的可靠性,在远方站和主站端分别采用不停电电源,以及主站端采用双机备用切换系统。为保证信息传输的可靠性,需采用双通道备用。为适应电力系统调度管理中采用分层控制的方式,远动信息网也采用分层式结构,以保证有效地传输信息,减少设备和通道投资。

3.7.3 智能电网技术

智能电网就是电网的智能化(智电电力),也被称为"电网2.0",它是建立在集成的、高速双向通信网络的基础上,通过先进的传感和测量技术、设备技术、控制方法以及决策支持系统技术的应用,实现电网的可靠、安全、经济、高效、环境友好和使用安全的目标,其主要特征包括自愈、激励和包括用户、抵御攻击、提供满足21世纪用户需求的电能质量、容许各种不同发电形式的接入、启动电力市场以及资产的优化高效运行。

智能电网的建立是一个巨大的历史性工程。目前很多复杂的智能电网项目正在进行中,但缺口仍是巨大的。对于智能电网技术的提供者来说,所面临的推动发展的挑战是配电网络系统升级、配电站自动化和电力运输、智能电网网络和智能仪表。

与现有电网相比,智能电网体现出电力流、信息流和业务流高度融合的显著特点,其先进性和优势主要表现在:

①具有坚强的电网基础体系和技术支撑体系,能够抵御各类外部干扰和攻击,能够适应大规模清洁能源和可再生能源的接入,电网的坚强性得到巩固和提升。

②信息技术、传感器技术、自动控制技术与电网基础设施有机融合,可获取电网的全景信息,及时发现、预见可能发生的故障。故障发生时,电网可以快速隔离故障,实现自我恢复,从而避免大面积停电的发生。

③柔性交/直流输电、网厂协调、智能调度、电力储能、配电自动化等技术的广泛应用,使电网运行控制更加灵活、经济,并能适应大量分布式电源、微电网及电动汽车充放电设施的接入。

④通信、信息和现代管理技术的综合运用,将大大提高电力设备使用效率,降低电能损耗,使电网运行更加经济和高效。

⑤实现实时和非实时信息的高度集成、共享与利用,为运行管理展示全面、完整和精细的

电网运营状态图,同时能够提供相应的辅助决策支持、控制实施方案和应对预案。

⑥建立双向互动的服务模式,用户可以实时了解供电能力、电能质量、电价状况和停电信息,合理安排电器使用;电力企业可以获取用户的详细用电信息,为其提供更多的增值服务。

思考题

3.1 电力系统由哪几个部分组成,每个部分的作用分别是什么?

3.2 简述火力发电的主要设备及其作用。

3.3 太阳热能发电和太阳光伏发电技术有何相同点,有何不同点?

3.4 结合本章内容,你认为在自己所处的地区应该发展哪种发电技术,为什么?

3.5 架空线和电缆相比各有什么优缺点?

3.6 衡量电能质量的指标有哪些?

3.7 变电站的主要设备有哪些? 分别起什么作用?

3.8 现代电力系统的发展方向是什么?

3.9 为什么要研究电力市场? 其意义何在?

3.10 电击和电伤的区别是什么?

3.11 什么是跨步触电,如何防范跨步触电?

3.12 电力负荷分为哪三种等级,每一等级对电源的要求是什么?

3.13 电力系统继电保护的措施都有哪些?

3.14 智能电网的优点有哪些?

第 4 章
电力电子与电力传动

4.1 电力电子技术的产生及发展

4.1.1 电力电子技术概述

电子技术包括信息电子技术和电力电子技术两大分支。应用于信息处理领域的电子技术称为信息电子技术,包括模拟电子技术和数字电子技术;应用于电力变换领域的电子技术称为电力电子技术。电力电子技术是一门融合了电力技术、电子技术和控制技术的新兴的交叉学科,其主要任务是研究各种电力电子器件,以及由这些电力电子器件所构成的各种电路及装置,合理、高效地完成对电能的变换和控制。1974 年,美国学者 W. Newell 用一个倒三角形对电力电子学进行了描述,如图 4.1 所示。

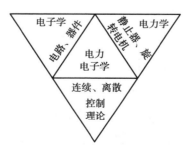

图 4.1　电力电子学倒三角

信息电子电路由于功率一般不大,所以器件既可工作在开关状态,也可工作在放大状态。而电力电子器件在电力电子电路中一般都工作在开关状态,在通态时应能流过较大电流而压降低;在断态时应能承受较高电压而漏电流小;断态与通态间的转换时间很短且功率损耗较小。

电力电子技术主要包括 3 个组成部分:电力电子器件制造技术、变流技术和控制技术。其中,电力电子器件制造技术是电力电子技术的基础,变流技术是电力电子技术的核心,控制技术是不可或缺的组成部分。电力电子器件制造技术的理论基础是半导体物理。变流技术的理论基础是电路理论。

4.1.2　电力电子技术的发展

电力电子器件的发展对电力电子技术的发展起着决定性的作用,因此,电力电子技术的发展史是以电力电子器件的发展为纲的。

1902 年出现了第一个玻璃的汞弧整流器。1910 年出现了铁壳汞弧整流器。用汞弧整流器代替机械式开关和换流器,代表着电力电子技术发展的开始。1920 年试制出氧化铜整流器,1923 年出现了硒整流器。20 世纪 30 年代,这些整流器开始大量用于电力整流装置中。1947 年,美国著名的贝尔实验室发明了晶体管,引发了电子技术的一场革命。20 世纪 50 年代初,晶体管向大功率化发展,同时用半导体单晶材料制成的大功率二极管也得到发展。1954 年,瑞典通用电机公司首先将汞弧管用于高压整流和逆变,并在 ±100 kV 直流输电线路上应用,传输 20 MW 的电力。1956 年,美国人 J. 莫尔制成晶闸管雏形。1957 年,美国人 R. A. 约克制成实用的晶闸管。20 世纪 50 年代末,晶闸管被用于电力电子装置,60 年代以后得到迅速推广,并开发出一系列派生器件,拓展了电力电子技术的应用领域。这一时期可称为电力电子技术的晶闸管时代。

晶闸管是通过对门极的控制能够使其导通而不能使其关断的器件,属于半控型器件。对晶闸管电路的控制方式主要是相位控制方式,简称相控方式。晶闸管的关断通常依靠电网电压等外部条件来实现。这就使得晶闸管的应用受到了很大的限制。

20 世纪 70 年代后期,以门极可关断晶闸管(GTO)、电力双极型晶体管(BJT)和电力场效应晶体管(Power-MOSFET)为代表的全控型器件迅速发展。全控型器件的特点是:通过对门极(基极、栅极)的控制既可使其开通又可使其关断。应用全控型器件的电路主要控制方式为脉冲宽度调制(PWM)方式。相对于相位控制方式,可称为斩波控制方式,简称斩控方式。这时的电力电子技术已经能够实现整流和逆变,但工作频率较低,尚局限于中低频率范围。

自 20 世纪 80 年代后期,以绝缘栅双极型晶体管(IGBT)为代表的复合型器件异军突起。它是 MOSFET 和 BJT 的复合,综合了两者的优点。与此相对应,MOS 控制晶闸管(MCT)和集成门极换流晶闸管(IGCT)复合了 MOSFET 和 GTO。这些集高频、高压和大电流于一身的器件,为以低频处理问题为主的传统电力电子技术向以高频处理问题为主的现代电力电子技术的转变创造了条件,表明传统电力电子技术已经进入现代电力电子技术时代。

把驱动、控制、保护电路和电力电子器件集成在一起,构成电力电子集成电路(PIC),这代表着电力电子技术发展的一个重要方向。电力电子集成技术包括以 PIC 为代表的单片集成技术、混合集成技术以及系统集成技术。

随着全控型电力电子器件的不断进步,电力电子电路的工作频率也不断提高。与此同时,软开关技术的应用理论上可以使电力电子器件的开关损耗降为零,从而提高了电力电子装置的功率密度。

电力电子技术的发展是从以低频技术处理问题为主的传统电力电子技术向以高频技术处理问题为主的现代电力电子技术方向发展。与此对应,电力电子电路的控制也从最初的以相位控制为手段的、由分立元件组成的控制电路发展到集成控制器,再到如今旨在实现高频开关的计算机控制,各种新的控制方法得到了广泛应用,正在向更高频率、更低损耗和全数字化的方向迈进。

4.2　电力电子器件

电力电子器件是指直接应用于承担电能的变换或控制任务的主电路中,实现电能变换和控制的电子器件。同处理信息的电子器件相比具有如下特征:能处理电功率的能力,一般远大于处理信息的电子器件;电力电子器件一般都工作在开关状态;电力电子器件往往需要由信息电子电路来控制;电力电子器件自身的功率损耗远大于信息电子器件,一般都要安装散热器。

对电力电子器件,应掌握其基本结构、工作原理、开关特性、安全工作区、驱动电路和保护电路等知识。从不同的角度出发,电力电子器件得到不同分类。

按照器件能够被控制的程度,可分为三类:

①不可控器件——不能用控制信号来控制其通断,因此也就不需要驱动电路。

②半控型器件——通过控制信号可以控制其导通而不能控制其关断。

③全控型器件——通过控制信号既可控制其导通又可控制其关断,又称自关断器件。

按照驱动电路信号的性质,分为两类:

①电流驱动型——通过从控制端注入或者抽出电流来实现电力电子器件导通或者关断的控制。

②电压驱动型——仅通过在控制端和公共端之间施加一定的电压信号就可实现电力电子器件导通或者关断的控制。

按照驱动电路加在电力电子器件控制端和公共端之间有效信号的波形,分为两类:

①脉冲触发型——通过在控制端施加一个电压或电流的脉冲信号来实现器件的开通或者关闭的控制,一旦已进入导通或者关断状态且主电路条件不变的情况下,器件就能维持其导通或者关断状态,而不必通过继续施加控制信号来维持其状态。

②电平控制型——必须通过持续在控制端和公共端之间施加一定电平的电压或电流信号来使器件开通并维持在导通状态,或者关断并维持在阻断状态。

按照器件内部电子和空穴两种载流子参与导电的情况,分为三类:

①单极型——由一种载流子参与导电的器件。

②双极型——由电子和空穴两种载流子参与导电的器件。

③复合型——单极型器件和双极型器件集成混合而成的器件。

4.2.1 不可控型器件

电力二极管(Power Diode)(图4.2)结构和原理简单,工作可靠,自20世纪50年代初期就获得应用。电力二极管的外形、结构和电气符号如图4.3所示。其基本结构和工作原理与信息电子电路中的二极管相同,由一个面积较大的PN结和两端引线及封装组成。外形有螺栓型和平板型两种封装。普通电力二极管又称为整流二极管,主要利用PN结的单向导电性,其容量大、反向恢复时间较长,多用于开关频率不高(1 kHz以下)的整流电路。

图4.2　电力二极管

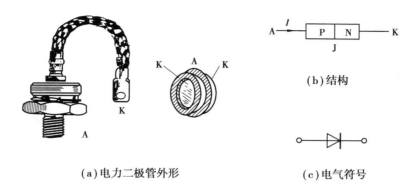

（a）电力二极管外形　　　　　　　　（c）电气符号

图 4.3　功率二极管的外形、结构和电气符号

快速恢复二极管（Fast Recovery Diode—FRD）是一种开关特性好、反向恢复时间短的半导体二极管，主要应用于开关电源、PWM 脉宽调制器、变频器等电子电路中，作为高频整流二极管、续流二极管或阻尼二极管使用。

肖特基二极管（Schottky Barrier Diode—SBD）是一种低功耗、超高速半导体器件。最显著的特点为反向恢复时间极短（可以小到几纳秒），正向导通压降仅 0.4 V 左右。其多用作高频、低压、大电流整流二极管、续流二极管、保护二极管，也可用于微波通信等电路中作整流二极管、小信号检波二极管使用，在通信电源、变频器中也比较常见。

4.2.2　半控型器件

晶闸管（Thyristor）是晶体闸流管的简称，又称为可控硅整流器，以前被简称为可控硅。晶闸管管芯及电气符号如图 4.4 所示。它是一种开关元件，能在高电压、大电流条件下工作，并且其工作过程可以控制，被广泛应用于可控整流、交流调压、无触点电子开关、逆变及变频等电子电路中，是典型的小电流控制大电流的元件。1957 年，美国通用电器公司开发出世界上第一款晶闸管产品，并于 1958 年将其商业化。

（1）晶闸管的结构

晶闸管是 PNPN 四层半导体结构，它有三个极：A 为阳极，K 为阴极，G 为门极。外形有螺栓型和平板型两种封装。螺栓型封装，通常螺栓是其阳极，能与散热器紧密连接且安装方便。平板型晶闸管可由两个散热器将其夹在中间。

（2）晶闸管工作特性

①承受正向电压时，仅在门极 G 有触发电流的情况下，晶闸管才能导通。

②承受反向电压时，不论门极 G 是否有触发电流，晶闸管都不会导通。

③晶闸管在导通情况下，只要有一定的正向阳极电压，不论门极电流如何，晶闸管都保持导通，即晶闸管导通后，门极失去作用，门极只起触发作用。

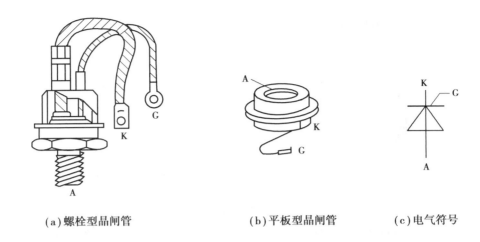

（a）螺栓型晶闸管　　　　　（b）平板型晶闸管　　　　（c）电气符号

图4.4　晶闸管管芯及电气符号

④要使晶闸管关断,只能使晶闸管的电流降到接近于零的某一数值以下。

（3）晶闸管的派生器件

1）快速晶闸管（Fast Switching Thyristor—FST）

快速晶闸管也是一种 PNPN 四层三端器件,其符号与普通晶闸管相同。它不仅具有良好的静态特性,更具有良好的动态特性。普通晶闸管关断时间为数百微秒,快速晶闸管为数十微秒,高频晶闸管在 10 μs 左右。其主要用于较高频率的整流、斩波、逆变和变频电路。

2）双向晶闸管（Triode AC Switch—TRIAC）

双向晶闸管是 NPNPN 五层半导体结构,对外也引出三个电极,分别为两个主电极 T_1 和 T_2 和一个门极 G（图4.5）。双向晶闸管相当于两个单向晶闸管的反向并联,但只有一个控制极。由于双向晶闸管正、反特性具有对称性,所以它可在任何一个方向导通,是一种理想的交流开关器件。

3）逆导晶闸管（Reverse Conducting Thyristor—RCT）

逆导晶闸管是将晶闸管反并联一个二极管制作在同一管芯上的功率集成器件,使晶闸管阳极与阴极间的发射结均呈短路状态。由于这种特殊电路结构,使之具有耐高压、耐高温、关断时间短、通态电压低等优良性能（图4.6）。该器件可用于开关电源、UPS 不间断电源中。一只 RCT 可代替晶闸管和续流二极管各一只,不仅使用方便,而且能简化电路设计。

4）光控晶闸管（Light Triggered Thyristor—LTT）

光控晶闸管又称光触发晶闸管,是利用一定波长的光信号触发导通的晶闸管（图4.7）。光触发保证了主电路与控制电路之间的绝缘,且可避免电磁干扰的影响。因此目前应用于高电压大功率的场合。

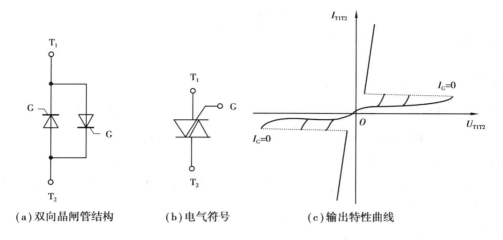

（a）双向晶闸管结构　　（b）电气符号　　（c）输出特性曲线

图 4.5　双向晶闸管

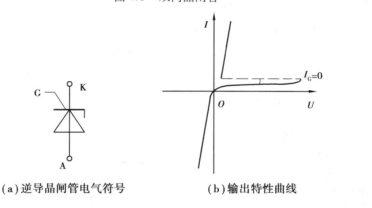

（a）逆导晶闸管电气符号　　　　（b）输出特性曲线

图 4.6　逆导晶闸管

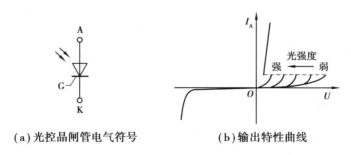

（a）光控晶闸管电气符号　　　　（b）输出特性曲线

图 4.7　光控晶闸管

5）门极可关断晶闸管（Gate-Turn-Off Thyristor—GTO）

门极可关断晶闸管是晶闸管的一个衍生器件，可通过门极施加负的脉冲电流使其关断。GTO 和普通晶闸管一样，是 PNPN 四层半导体结构，外部也是引出阳极、阴极和门极。但和普通晶闸管不同的是，GTO 是一种多元的功率集成器件。虽然外部同样引出三个极，但内部包含数十个甚至数百个共阳极的小 GTO 单元，这些 GTO 单元的阴极和门极在器件内部并联，它是为了实现门极控制关断而设计的。GTO 的电压、电流容量较大,与普通晶闸管接近,因而在 MW 级以上的大功率场合有较多的应用。

4.2.3 全控型器件

全控型器件包括电力晶体管、功率场效应晶体管、绝缘栅双极型晶体管等。

(1)电力晶体管(Giant Transistor——GTR,直译为巨型晶体管)

GTR 是一种由电流控制的双极结型大功率、高电压电力电子器件。它的结构和电气符号如图 4.8 所示。结构和工作原理都与小功率晶体管非常相似。GTR 由三层半导体、两个 PN 结组成,和小功率三极管一样,有 PNP 和 NPN 两种类型。GTR 通常多用 NPN 结构。它既具备晶体管饱和压降低、开关时间短和安全工作区宽等固有特性,又增大了功率容量,因此,由它所组成的电路灵活、成熟、开关损耗小、开关时间短,在电源、电机控制、通用逆变器等中等容量、中等频率的电路中应用广泛。GTR 的缺点是驱动电流较大、耐浪涌电流能力差、易受二次击穿而损坏。在开关电源和 UPS 内,GTR 正逐步被功率 MOSFET 和 IGBT 所代替。

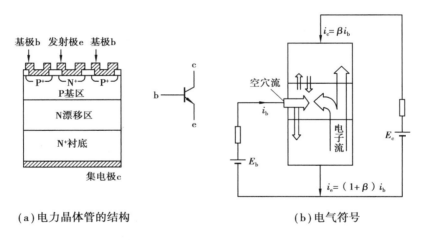

(a)电力晶体管的结构　　　　　(b)电气符号

图 4.8　电力晶体管

(2)功率场效应晶体管(Power MOSFET)

功率场效应晶体管分为结型和绝缘栅型,通常主要指绝缘栅型场效应晶体管。功率场效应晶体管按导电沟道可分为 P 沟道和 N 沟道;根据栅源极电压与导电沟道出现的关系可分为耗尽型和增强型。功率场效应晶体管一般为 N 沟道增强型。图 4.9 给出了具有垂直导电双扩散 MOS 结构的 VD-MOSFET 单元的结构图及电路符号。

如图 4.9 所示,功率场效应晶体管的三个极分别为栅极 G、漏极 D 和源极 S。当漏极接正电源,源极接负电源,栅源极间的电压为零时,P 基区与 N 区之间的 PN 结反偏,漏源极之间无电流通过。如在栅源极间加正电压 U_{GS},则栅极上的正电压将其下面的 P 基区中的空穴推开,电子被吸引到栅极下的 P 基区的表面。当 U_{GS} 大于开启电压 U_T 时,栅极下 P 基区表面的电子浓度将超过空穴浓度,从而使 P 型半导体反型成 N 型半导体,成为反型层。由反型层构成的 N 沟道使 PN 结消失,漏极和源极间开始导电。U_{GS} 越大,功率场效应晶体管导电能力越强,I_D 也就越大。因此导电机理与小功率 MOS 管相同。

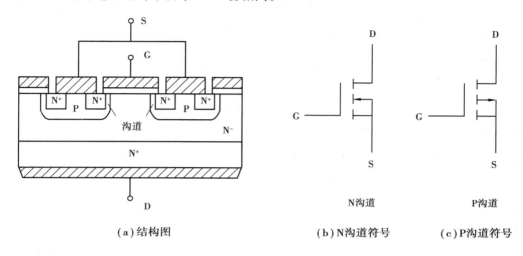

| （a）结构图 | （b）N 沟道符号 | （c）P 沟道符号 |

图 4.9　P-MOSFET 单元的结构及电气符号

功率场效应晶体管用栅极电压来控制漏极电流。其驱动电路简单,需要的驱动功率小;开关速度快,工作频率高;热稳定性优于 GTR,但电流容量小耐压低,一般只适用于功率不超过 10 kW 的电力电子装置。

（3）绝缘栅双极型晶体管（Insulate-Gate Bipolar Transistor—IGBT）

绝缘栅双极型晶体管综合了电力晶体管（Giant Transistor—GTR）和电力场效应晶体管（Power MOSFET）的优点,具有输入阻抗高、开关速度快、驱动电路简单、通态电压低、能承受高电压大电流等优点,已广泛应用于变频器以及其他调速电路中。绝缘栅双极型晶体管的结构及电气符号如图 4.10 所示。IGBT 也是三端器件,有栅极 G、集电极 C 和发射极 E。

绝缘栅双极晶体管驱动原理与电力 MOSFET 基本相同,属于场控器件,由栅射极间电压 u_{GE} 决定通断。u_{GE} 大于开启电压 U_{GE}（th）时,MOSFET 内形成沟道,为晶体管提供基极电流,IGBT 导通。电导调制效应使电阻 R_N 减小,使通态压降减小。栅射极间施加反压或不加信号时,MOSFET 内的沟道消失,晶体管的基极电流被切断,IGBT 关断。

4.2.4　其他新型电力电子器件

（1）MOS 控制型晶闸管（MOS Controlled Thyristor—MCT）

MCT 是将 MOSFET 与晶闸管组合而成的复合型器件。MCT 将 MOSFET 的高输入阻抗、低驱动功率、快速的开关过程和晶闸管的高电压大电流、低导通压降的特点结合起来,也是

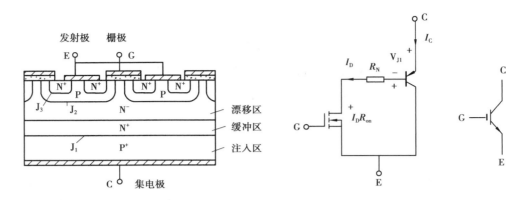

图 4.10 绝缘栅双极型晶体管及其电气符号

Bi-MOS 器件的一种。一个 MCT 器件由数以万计的 MCT 元组成，每个元的组成为：一个 PNPN 晶闸管，一个控制该晶闸管开通的 MOSFET 和一个控制该晶闸管关断的 MOSFET。

MCT 具有高电压、大电流、高载流密度、低通态压降的特点。其通态压降只有 GTR 的 1/3 左右，硅片的单位面积连续电流密度在各种器件中是最高的。另外，MCT 可承受极高的 di/dt 和 du/dt，使得其保护电路可以简化。

MCT 曾被认为是一种最有发展前途的电力电子器件。因此，20 世纪 80 年代以来一度成为研究的热点。但经过十多年的努力，其关键技术问题没有大的突破，电压和电流容量都远未达到预期的数值，未能投入实际应用。

（2）**静电感应晶体管**（Static Induction Transistor—SIT）

静电感应晶体管是一种结型场效应晶体管。它是在普通结型场效应晶体管基础上发展起来的单极型电压控制器件，有源、栅、漏三个电极，它的源漏电流受栅极上的外加垂直电场控制。静电感应晶体管是一种多子导电的器件，其工作频率与电力 MOSFET 相当，甚至超过电力 MOSFET，而功率容量也比电力 MOSFET 大，适用于高频大功率场合。目前已在雷达通信设备、超声波功率放大、脉冲功率放大和高频感应加热等专业领域获得了较多的应用。

（3）**静电感应晶闸管**（Static Induction Thyristor—SITH）

静电感应晶闸管是在 SIT 的漏极层上附加一层与漏极层导电类型不同的发射极层而得到的。因为其工作原理也与 SIT 类似，门极和阳极电压均能通过电场控制阳极电流，因此 SITH 又被称为场控晶闸管（Field Controlled Thyristor—FCT）。由于比 SIT 多了一个具有少子注入功能的 PN 结，因而 SITH 是两种载流子导电的双极型器件，具有电导调制效应，通态压降低、通流能力强。其很多特性与 GTO 类似，但开关速度比 GTO 快得多，是大容量的快速器件。

（4）**集成门极换流晶闸管**（Integrated Gate-Commutated Thyristor—IGCT）

集成门极换流晶闸管是 20 世纪 90 年代后期出现的新型电力电子器件。IGCT 将 IGBT 与 GTO 的优点结合起来，其容量与 GTO 相当，但开关速度比 GTO 快 10 倍，而且可以省去

GTO 应用时庞大而复杂的缓冲电路,只不过其所需的驱动功率仍然很大。目前,IGCT 正在与 IGBT 以及其他新型器件激烈竞争,试图最终取代 GTO 在大功率场合的位置。

4.2.5　功率模块与功率集成电路

20 世纪 80 年代中后期开始,电力电子器件的研制和开发出现了一个共同的趋势模块化,即将多个器件封装在一个模块中,称为功率模块。这样做可缩小装置体积,降低成本,提高可靠性。对工作频率高的电路,可大大减小线路电感,从而简化对保护电路和缓冲电路的要求。

将器件与逻辑、控制、保护、传感、检测、自诊断等信息电子电路制作在同一芯片上,称为功率集成电路 PIC(Power Integrated Circuit)。

采用封装集成思想的电力电子电路也有许多名称。智能功率集成电路 SPIC(Smart Power IC)通常指纵向功率器件与控制和保护电路的集成,常用于电压调节器、汽车功率开关、开关电源、电机驱动、家用电器等产品上。

高压集成电路 HVIC(High Voltage IC)一般指高压器件与逻辑或模拟控制电路的单片集成,通常用于小型电机驱动及电话交换机用户电路等需要较高电压的地方。

智能功率模块 IPM(Intelligent Power Module)则专指 IGBT 及其辅助器件与其保护和驱动电路的单片集成,也称智能 IGBT(Intelligent IGBT)。

集成电力电子模块(图 4.11)和功率集成电路(图 4.12)都是电力电子集成技术的产物。集成电力电子技术可以带来很多好处,比如减小装置体积、提高可靠性、方便用户使用、降低制造、安装和维护成本等,具有广阔的应用前景。

图 4.11　集成电力电子模块

图 4.12　功率电力电子模块

4.3　电力电子变流技术

变流技术主要包括:用电力电子器件构成各种电力变换电路,对电路进行控制,以及用这

101

些技术构成更为复杂的电力电子装置和系统。通常所说的"变流"是指:交流电变直流电(AC-DC)、直流电变交流电(DC-AC)、直流电变直流电(DC-DC)和交流电变交流电(AC-AC)。

4.3.1　AC-DC 变换

整流电路是出现最早的电力电子电路,它的作用是将交流电变为直流电供给直流用电设备。整流电路通常由主电路和控制电路组成(图 4.13)。主电路包括变压器、整流器和滤波器。20 世纪 70 年代以后,整流器多由硅整流二极管和晶闸管组成。滤波器接在主电路与负载之间,用于滤除脉动直流电压中的交流成分。变压器的作用是实现交流输入电压与直流输出电压间的匹配以及交流电网与整流电路之间的电隔离。控制电路用于电力电子器件的导通控制。

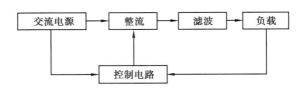

图 4.13　整流电路的组成

整流电路可以从各种角度进行分类,主要分类方法有:按组成的器件可分为不可控、半控、全控三种;按电路结构可分为桥式电路和零式电路;按交流输入相数分为单相电路和多相电路;按变压器二次侧电流的方向是单向或双向,又分为单拍电路和双拍电路(图 4.14)。

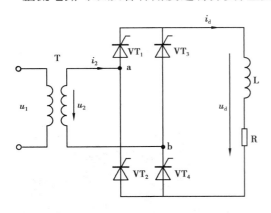

图 4.14　单相桥式全控整流电路

学习整流电路要求掌握整流电路的基本结构,能够根据电路中电力电子器件的通断状态、负载性质、交流电源电压波形,分析各元件的电流、电压波形,并在此基础上掌握电路中相关电量的主要数量关系。下面以单相桥式全控整流电路为例进行说明。

(1)电阻负载时的工作情况

电阻负载时电路波形图如图 4.15 所示。

主要数量关系:

$$U_d = \frac{1}{\pi}\int_\alpha^\pi \sqrt{2}\,U_2 \sin \omega t\,d(\omega t) = \frac{2\sqrt{2}\,U_2}{\pi}\frac{1+\cos \alpha}{2} = 0.9U_2\frac{1+\cos \alpha}{2} \qquad (4.1)$$

向负载输出的平均电流值为

$$I_d = \frac{U_d}{R} = \frac{2\sqrt{2}\,U_2}{\pi R}\frac{1+\cos\alpha}{2} = 0.9\frac{U_2}{R}\frac{1+\cos\alpha}{2} \qquad (4.2)$$

流过晶闸管的电流平均值只有输出直流平均值的一半,即

$$I_{dVT} = \frac{1}{2}I_d = 0.45\frac{U_2}{R}\frac{1+\cos\alpha}{2} \qquad (4.3)$$

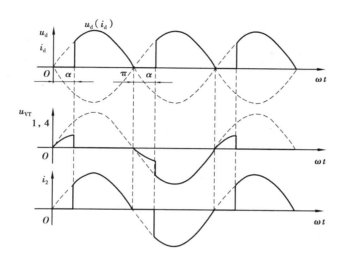

图 4.15　电阻负载时电路波形图

(2)阻感负载时的工作情况

阻感负载时电路波形图如图 4.16 所示。

主要数量关系为

$$U_d = \frac{1}{\pi}\int_{\alpha}^{\pi+\alpha}\sqrt{2}\,U_2\sin\omega t\,\mathrm{d}(\omega t) = \frac{2\sqrt{2}}{\pi}U_2\cos\alpha = 0.9U_2\cos\alpha \qquad (4.4)$$

晶闸管移相范围为 90°,晶闸管导通角 θ 与 a 无关,均为 180°。

电流的平均值和有效值为

$$I_{dVT} = \frac{1}{2}I_d \qquad (4.5)$$

$$I_{VT} = \frac{1}{\sqrt{2}}I_d = 0.707I_d \qquad (4.6)$$

变压器二次侧电流 i_2 的波形为正负各 180°的矩形波,其相位由 a 角决定,有效值 $I_2 = I_d$。

整流电路主要应用于以下领域:

①电化学处理。例如:电镀、金属精炼以及化学气体(氢气、氧气、氯气等)的生产等。

②可调速的直流传动系统和交流传动系统。

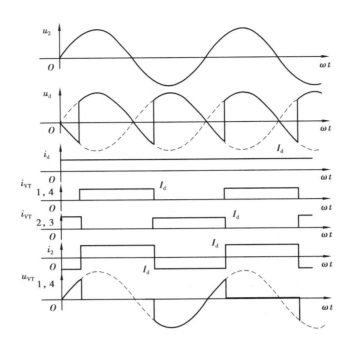

图 4.16　阻感负载时电路波形图

③高压直流输电系统。

④通用交—直—交电源,包括不间断电源系统。

⑤新能源发电技术。例如:太阳能光伏发电、风力发电、燃料电池等的电能转换电路。

整流电路在实际中的应用组图如图 4.17 所示。

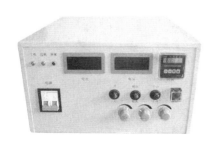

（a）高频镇流器　　　　　　　　　　　（b）摩托车整流器

图 4.17　整流电路的应用

4.3.2　DC-AC 变换

DC-AC(逆变)是把直流电(电池、蓄电池)转变成交流电(一般为 220 V、50 Hz 正弦波)的过程。

逆变电路可以从各种角度进行分类,主要分类方法有:

①按输出电能的去向分,可分为有源逆变电路和无源逆变电路。前者逆变电路输出的电能返回公共交流电网,后者输出的电能直接输向用电设备。

②按直流电源性质可分为由电压型直流电源供电的电压型逆变电路和由电流型直流电源供电的电流型逆变电路。

③按输出相数可分为单相逆变电路和多相逆变电路。

学习逆变电路要求掌握逆变电路的基本结构、工作原理和特点,PWM 控制方法的理论基础、波形生成方法,SPWM 逆变电路的控制方式。

以单相桥式逆变电路为例说明最基本的工作原理。图4.18(a)中$S_1 \sim S_4$是逆变电路的4个桥臂,均为理想开关。当开关S_1、S_4闭合,S_2、S_3断开时,负载电压U_o为正;当开关S_1、S_4断开,S_2、S_3闭合时,负载电压U_o为负。其负载波形如图4.18(b)所示。这样就把直流电变换成交流电。改变两组开关的切换频率,即可改变输出交流电的频率。

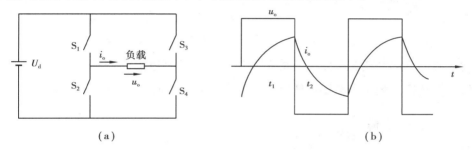

图4.18　逆变电路及其波形举例

一个完整的逆变电路由逆变主电路、驱动与控制电路、输入/输出电路、辅助电路四部分组成。其基本结构如图4.19所示。

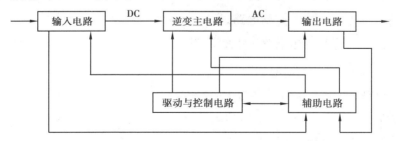

图4.19　逆变电路的基本结构

(1)逆变主电路

逆变主电路由电力电子开关器件组成,是能量变换的主体。

(2)驱动和控制电路

驱动和控制电路主要是按照控制要求产生一系列的控制信号,实现对主电路的控制,完成逆变电路的调压、调频等功能。

（3）输入/输出电路

逆变主电路的输入为直流电,输入电路为了保证直流电源为恒压源或恒流源,必须设置储能源件。采用电容元件可稳定电压,采用电感元件可稳定电流。输出电路主要是滤波电路。

（4）辅助电路

辅助电路包括辅助电源和保护电路。辅助电源为电路中各个部分提供直流工作电压。保护电路主要是防止在故障或非正常情况下电路受到破坏。

逆变电路的应用非常广泛。在已有的各种电源中,蓄电池、干电池、太阳能电池等都是直流电源,当需要这些电源向交流负载供电时,就需要逆变电路。另外,交流电机调速用变频器、不间断电源、感应加热电源等电力电子装置使用非常广泛,

图4.20 逆变器

其电路的核心部分都是逆变电路。它的基本作用是在控制电路的控制下将中间直流电路输出的直流电源转换为频率和电压都任意可调的交流电源。逆变器如图4.20所示。

4.3.3 AC-AC 变换

交流变换电路就是将一种形式的交流电变换为另一种形式的交流电,可以改变相关的电压(电流)、频率和相数。

交流变换电路可分为两大类:一类是只改变电压的大小或仅对电路实现通断控制,而不改变频率的电路,称为交流电力控制电路;另一类是把一种频率的交流电变换为另一种频率固定或可变的交流电,称为变频电路。根据控制方式不同,交流电力控制电路又分为交流调压电路、交流调功电路和交流无触点开关三种。

学习交流变换电路要求掌握交流调压电路的基本类型、分析方法、调压原理,交流调功电路和交流无触点开关的控制原理,交交直接变频电路的拓扑结构、工作原理和基本特性。

交流调压电路就是用来变换交流电压幅值(或有效值)的电路(图4.21)。交流调压的实现方法:通过控制晶闸管在每一个电源周期内的导通角的大小(相位控制)来调节输出电压的大小。

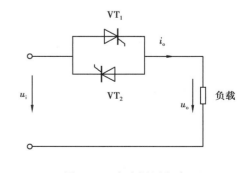

图4.21 交流调压电路

交流调压电路主要应用于电炉的温度控制、灯光调节(如舞台灯光控制)、异步电机软启动和异步电机调速。

交流调功电路是采用整周期的通、断控制方式,使电路输出几个电源电压周期,再断开几个电源电压周期,通过控制导通周期数和断开周期数的比值来调节交流输出功率的平均值,从而达到交流调功的目的。它应用于金属热处理、化工合成加热、钢化玻璃热处理等各种加热和温度控制的场合。

交流无触点开关就是把晶闸管反并联后串入交流电路中,代替电路中的机械开关,起接通和断开电路的作用,并不控制电路的平均输出功率,没有明确的控制周期,只是根据需要控制电路的接通和断开。其控制频度通常比交流调功电路低,较机械开关响应速度快、使用寿命长、可频繁控制通断。因其属于无触点开关,不存在火花和拉弧现象,对化工、冶金、煤炭、石油等要求无火花防爆场合极为合适。在电力系统中,交流无触点开关还与电容器一起构成无功功率补偿器,用于对无功功率和功率因数进行调节。

交交直接变频电路就是把电网频率的交流电变成可调频率的交流电的变流电路,广泛用于大功率交流电动机调速传动系统,实际使用的主要是三相输出交交变频电路。

如图4.22所示,由P组和N组反并联的晶闸管变流电路构成,和直流电动机可逆调速用的四象限变流电路完全相同。P组工作时,负载电流i_o为正。N组工作时,i_o为负。两组变流器按一定的频率交替工作,负载就得到该频率的交流电。改变两组变流器的切换频率,就可改变输出频率。改变变流电路的控制角α,就可以改变交流输出电压的幅值。其工作原理如图4.23所示。

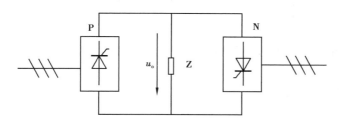

图4.22 交交直接变频电路

交流变换电路应用如图4.24所示。

4.3.4 DC-DC 变换

直流斩波电路(DC Chopper)是将固定的直流电压转换为可调的直流电压的一种电力电子电路。它被广泛应用于直流开关电源和直流电动机驱动系统中。

斩波电路有6种基本的电路:降压斩波电路、升压斩波电路、升降压斩波电路、Cuk 斩波

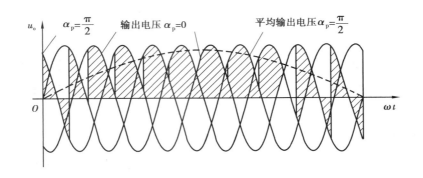

图 4.23　输出电压波形

（a）变频器　　　　　　　　　　　　　　　（b）调压器

图 4.24　交流变换电路的应用

电路、Sepic 斩波电路和 Zeta 斩波电路。

学习直流斩波电路要求掌握各种变换电路的基本工作原理、基础拓扑结构，了解各种变化电路的不同应用场合。

如果改变开关的动作频率，或改变直流电流接通和断开的时间比例，就可以改变加到负载上的电压、电流平均值。斩波电路的工作方式有两种：一是脉宽调制方式，T_s（周期）不变，改变 T_{on}（通用，T_{on} 为开关每次接通的时间）；二是频率调制方式，T_{on} 不变，改变 T_s。

降压斩波电路（Buck Chopper）如图 4.25 所示，由全控型开关管和续流二极管构成。L 是储能电感，C 是滤波电容。V 导通，电源 E 向负载供电，负载电压 $u_o = E$，负载电流 i_o 按指数曲线上升。V 关断，二极管 VD 续流，负载电压 u_o 近似为零，负载电流呈指数曲线下降。通常串接较大电感使负载电流连续且脉动小。

依据 I_L 是否连续分为两种工作方式，即连续导电模式和不连续导电模式。典型用途之一是拖动直流电动机，也可带蓄电池负载。

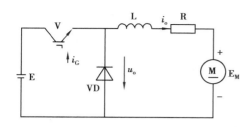

图4.25　降压斩波电路

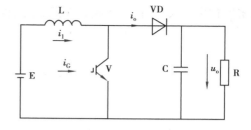

图4.26　升压斩波电路

升压斩波电路如图4.26所示,假设L和C值很大。V处于通态时,电源E向电感L充电,电流恒定I_1,电容C向负载R供电,输出电压U_0恒定。V处于断态时,电源E和电感L同时向电容C充电,并向负载提供能量。将直流电源电压变换为高于其值的直流电压,实现能量从低压侧向高压侧负载的传递,可用于电池供电设备中的升压电路、直流电动机传动、作单相功率因数校正(PFC)电路。

升降压斩波电路如图4.27所示,V通时,电源E经V向L供电使其贮能,此时电流为i_1。同时,电容C维持输出电压恒定并向负载R供电。V断时,L的能量向负载释放,电流为i_2。负载电压极性为上负下正,与电源电压极性相反,该电路也称作反极性斩波电路。升降压斩波电路可以改变电压的高低,还能改变电压的极性,常用于电池供电设备中产生负电源的设备和各种开关稳压器。

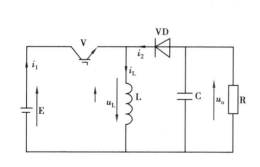

图4.27　升降压斩波电路

图4.28　斩波器

DC-DC电源模块广泛用于电力电子、军工、科研、工控设备、通信设备、仪器仪表、交换设备、接入设备、移动通信、路由器等通信领域和工业控制、汽车电子、航空航天等领域。由于采用模块组建电源系统具有设计周期短、可靠性高、系统升级容易等特点,电源模块的应用越来越广泛。尤其近几年由于数据业务的飞速发展和分布式供电系统的不断推广,电源模块的增幅已经超出了一次电源。随着半导体工艺、封装技术和高频软开关的大量使用,电源模块功率密度越来越大,转换效率越来越高,应用也越来越简单。图4.28为斩波器。

4.4 电力传动技术

电力传动是指用电动机把电能转换成机械能,去带动各种类型的生产机械、交通车辆以及生活中需要运动的物品的技术,是通过合理使用电动机实现生产过程机械设备电气化及其自动控制的电气设备及系统的技术总称。电力传动中的电动机与传动机构以及控制设备之间的关系如图4.29所示,图中虚线框内为电力传动系统。

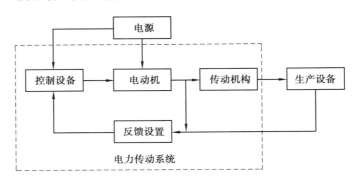

图 4.29　电力传动系统

1838年,俄国院士Б.С.雅可比试验由蓄电池给直流电动机供电,用来驱动快艇的推进器,这是首次使用电力传动。在此以后,В.Н.奇科列夫将直流电动机用于驱动电弧灯(1879年)、缝纫机(1882年)和风扇(1886年)。到1889年,М.О.多利沃-多布罗沃利斯基发明三相交流异步电动机,并建立起三相交流电力传输,电力传动遂开始在工业中广泛应用。

4.4.1 电力传动

电力传动技术是电力电子与电机及其控制相结合的产物,内容涉及电机、电力电子、控制理论、计算机、微电子、现代检测技术、仿真技术、电力系统、机械、材料和信息技术等多种学科,是这些学科交叉融合而形成的一门新型的综合性学科。对于位置控制(伺服)系统,也称为运动控制。

电力传动技术诞生于20世纪初的第二次工业革命时期,它大大推动了人类社会的现代化进步。它是研究如何通过电动机控制物体和生产机械按要求运动的学科。随着传感器技术和自动控制理论的发展,已由简单的继电、接触、开环控制发展为较复杂的闭环控制系统。20世纪60年代,特别是80年代以来,随着电力电子技术、现代控制理论、计算机技术和微电子技术的发展,逐步形成了集多种高新技术于一体的全新学科技术——现代电力传动技术。

电力电子技术是现代电力传动的基石,其直接决定和影响着现代电力传动的发展。如果把计算机比作现代生产设备的大脑,电力电子器件及功率变换装置则可视为支配手足(电机)的肌肉和神经,因此,电力电子变换器是信息流与物质/能量流之间的重要纽带。

1957 年,世界上第一只晶闸管(SCR)的问世标志着电力电子学的诞生,从此,电力电子器件的发展日新月异。从 20 世纪 60 年代第一代半控型电力电子器件—晶闸管(SCR)发明至今,已经历了第二代有自关断能力的全控型电力电子器件(CTR,GTO,MOSFET),第三代复合场控制器件(IGBT,SIT,MCT 等)和正蓬勃发展的第四代模块化功率器件——功率集成电路(PIC),如智能化模块 IPM 和专用功率器件模块 ASPM 等。这为交流传动实现高性能控制提供了必需的变频装置。电力电子器件的每一次更新换代,都会引起功率变换装置和交流传动性能的迅速提高,它们相互竞争、相互促进,向高电压、大电流、高频化、集成化、模块化、智能化方向发展,并逐步在性能和价格上可以与直流传动相媲美,而且在某些方面实现了直流传动所不能达到的高性能。

交流传动在实现节能和获得高性能的同时,也带来了诸如电网功率因数降低、谐波和电磁干扰等"污染"。另外,随着容量的增加,功率变换器的体积增大。为了解决这些弊端,1964 年,A. Schonug 率先将通信系统的脉宽调制(PWM)技术应用于交流电力传动,使变频器由传统的相控电流型逆变器、电压型逆变器发展到脉宽调制(PWM)型逆变器,大大缓解了对环境的"污染",减小了变频器的体积,简化了变换装置的控制,为近代交流传动开辟了新的发展领域。目前,常用的交流 PWM 控制技术有:以输出电压接近正弦波为其控制目标的基于正弦波对三角波脉宽调制的 SPWM 控制和基于消除指定次数谐波的 HEPWM 控制;以输出正弦波电流为其控制目标的基于电流滞环跟踪的 CHPWM 控制;以及以被控电机的旋转磁场接近圆形为其控制目标的电压空间矢量控制(SVPWM 控制)。电力电子器件及其功率变换装置在交流传动的发展中起着非常关键的作用,可以说没有电力电子技术的发展,就没有今天高性能的电力传动技术。

电力传动中的电动机分为交流电动机和直流电动机。二者的结构、工作原理不同,所需的电力传动装置也不同。电力传动可分为两类:直流电力传动和交流电力传动。由于历史上最早出现的是以蓄电池形式供电的直流电动机,所以直流传动也是唯一的电力传动方式。直到 1885 年意大利都灵大学发明了感应电动机,而后出现了交流电,解决了三相制交流电的输变问题,交流电力传动才出现。20 世纪 80 年代之前,直流电力传动在高性能的电力传动领域占绝对统治地位。此后,随着电力电子技术和计算机控制技术的发展,以及现代控制理论的应用,交流电力传动得到了快速发展,静动态性能可以与直流电力传动相媲美。因此,交流电力传动在高性能的电力传动领域所占比例逐年上升,目前已处于主导地位。电力传动的应用如图 4.30 所示。

(a)动车　　　　　　　　　　　　　　　(b)轮船

(c)自动化生产线　　　　　　　　　　　(d)电梯

图 4.30　电力传动的应用

4.4.2　直流电动机传动

直流电动机是依靠直流电驱动的电动机,在小型电器上应用较为广泛。直流电机的工作原理是:当线圈通电后,转子周围产生磁场,转子的左侧被推离左侧的磁铁,并被吸引到右侧,从而产生转动。转子依靠惯性继续转动。当转子运行至水平位置时电流变换器将线圈的电流方向逆转,线圈所产生的磁场亦同时逆转,使这一过程得以重复。直流电机的工作过程如图 4.31 所示。

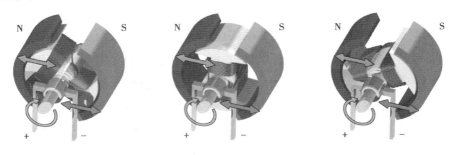

图 4.31　直流电机的工作过程

直流电动机的转速 ω 的表达式为

$$\omega = \frac{U_a - R_a I_a}{C_e \varphi} \qquad (4.7)$$

式中 U_a——电动机电枢两端的电压;

         I_a——电动机电枢回路电流;

         R_a——电动机回路电阻;

         C_e——电动机电势常数;

         φ——电动机励磁磁通。

通过式(4.7)可知,直流电动机的调速方式有三种:

①调压调速,即保持 R_a 和 φ 不变,通过调节 U_a 来调节 n,是一种大范围无级调速方式。

②弱磁升速,即保持 R_a 和 U_a 不变,通过减少 φ 来升高 n,是一种小范围无级调速方式。

③变电阻调速,即保持 U_a 和 φ 不变,通过调节 R_a 来调节 n,是一种大范围有级调速方式。

对于要求大范围平滑调速的直流电力传动系统来说,调压调速方式最好。而且现代工业企业的低压供电系统多数采用交流供电,通过可控变流装置即可提供可调的直流电压信号,所以直流调压调速方式应用最广泛。在电力电子变换器中,直流电机主要是由全控器件组成的斩波器或 PWM 变换器,以及晶闸管相控整流器来控制。

直流电力传动控制技术的发展经历了以下演变过程:开环控制→单闭环控制→多闭环控制;分立元件电路控制→小规模集成电路控制→大规模集成电路控制;电路控制→数模电路混合控制→数字电路控制;硬件控制→软件控制。

4.4.3 交流电动机传动

交流电动机是将交流电的电能转变为机械能的一种机器。交流电动机主要由一个用以产生磁场的电磁铁绕组或分布的定子绕组和一个旋转电枢或转子组成,利用通电线圈在磁场中受力转动的现象而制成的。

交流电动机分异步电动机和同步电动机两大类。按照异步电动机的基本原理,从定子传入转子的电磁功率 P_m 可分为两部分:

一部分是拖动负载的有效功率:

$$P_1 = (1 - s)P_m \qquad (4.8)$$

另一部分是转差功率:

$$P_s = sP_m \qquad (4.9)$$

转差功率是评价调速系统效率高低的一种标志,因此交流异步电动机调速方式分三类:

①转差功率消耗型调速,即把全部转差功率转化成热能消耗掉。该调速方式结构简单,

但效率低,而且转速越低,效率越低。

②转差功率回馈型调速,即转差功率的一部分转化成热能消耗掉,大部分则通过变流装置回馈电网或转化为机械能予以利用。该调速方式结构复杂,但效率比第一类高。

③转差功率不变型调速,即无论转速高低,消耗的转差功率基本不变。该调速方式结构复杂,但效率最高。在异步电动机的各种调速方式中,效率最高、性能最好、应用最广泛的是变压变频调速方式。它是一种转差功率不变型调速,可以实现大范围平滑调速。

同步电动机没有转差,当然也没有转差功率,所以同步电动机调速只能是转差功率不变型调速。而同步电动机转子极对数固定,因此只能采用变压变频调速方式。

交流电力传动控制模式的发展经历了以下演变过程:转速开环的恒压频比控制→转速闭环转差频率控制→矢量控制→解耦控制→模糊控制;分立元件电路控制→小规模集成电路控制→大规模集成电路控制;模拟电路控制→数字电路控制;硬件控制→软件控制。

4.4.4 电力传动技术的发展方向

电力传动自动化技术发展总趋势是:交流变频调速逐步取代直流调速、无触点控制取代有接点逻辑控制、全数字控制与数模复合控制并存。电气自动化技术的发展是由用户的需求和相关学科的技术发展所推动的,它直接涉及改善电力传动的性能、价格、尺寸、能源消耗与节约设计、调试等方面。其主要发展方向有:

（1）实现高水平控制

电力传动自动化技术基于电动机和机械模型的控制策略,有矢量控制、磁场控制、直接转矩控、现代理论的控制策略,有滑模变结构技术、模型参考自适应技术、采用微分几何理论的非线性解鲁棒观测器,在某种指标意义下的最优控制技术和逆奈奎斯特阵列设计方法等;基于智能控制思想的控制策略,有模糊控制、神经元网络、专家系统和各种各样的优化自诊断技术等;以高速微处理器 RISC(Reduced Instruction Set Computer) 及高速 DSP(Digital Signal Processor) 为基础的数字控制模板处理速度大大提高,有足够的能力实现各种控制算法,Windows 操作系统的引入可自由设计,图形编程的控制技术也有很大的发展。

（2）开发清洁电能变流器

所谓清洁电能变流器,是指变流器的功率因数接近 1,网侧和负载侧有尽可能低的谐波分量,以减少对电网的公害和电动机的转矩脉动。对中小容量变流器,提高开关频率的 PWM 控制是有效的;对大容量交流器,在常规的开关频率下,可改变电路结构和控制方式,实现清洁电能的变换。

（3）系统化

电力传动自动化的发展与其相关技术的发展是分不开的。电力传动自动化技术的发展是将电网、整流器、逆变器、电动机、生产机械和控制系统为一个整体,从系统上进行考虑。例如要求和上位控制的可编程控制器通过串行通信连接,一般都带有串行通信标准功能(RS-232、RS-485),此外还通过专用的开放总线方式运行。

（4）CAD 技术

模拟与计算机辅助设计技术(CAD)、电动机模拟器、负载模拟器以及各种 CAD 软件引人对变频器的设计和测试提供了强有力的支持。

（5）缩小装置尺寸

紧凑型变流器要求功率和控制元件具有高的集成度,其中包括智能化的功率模块、紧凑型的光耦合器、高频率的开关电源,以及采用新型电工材料制造的小体积变压器、电抗器和电容器。功率器件冷却方式的改变(如水冷、蒸发冷却和热管)对缩小装置的尺寸也很有效。现在主回路中占发热量 50~70% 的 IGBT 的损耗已大幅度减少,集电极-发射极的饱和电压(Vc-esat)大为降低,现已开发出了第 4 代 IGBT。目前,国外已研制成功高密度 Building Block(系统集成)。

思考题

4.1 电力电子技术的主要内容是什么?

4.2 简述晶闸管的工作原理。

4.3 电力二极管和普通二极管有什么区别?

4.4 直流电和交流电之间相互转换有哪四种形式?

4.5 整流电路的基本组成是什么?

4.6 一个完整的逆变电路由哪些部分组成?

4.7 电力传动是指什么? 研究的主要内容是什么?

4.8 实现直流电机调速的方法有哪些?

4.9 交流异步电动机调速方式有哪些?

4.10 电力传动的发展方向是什么?

第5章
高电压与绝缘应用及发展新技术

　　高电压与绝缘技术是随着高电压远距离输电而发展起来的一门电力科学技术。早在20世纪初,美国工程师皮克(F. W. Peek)研究解决110 kV输电线路电晕放电问题后,于1915年出版《高电压工程中的电介质现象》,首次提出"高电压工程"(High Voltage Engineering)这一术语。这一术语在西方发达国家沿用至今,说明高电压工程技术与输电工程关系之密切。在电能传输过程中,为保证电气装置安全可靠工作,就需要用不导电的材料将带电导体隔离或包裹起来,以防发生短路或触电事故,这就是绝缘技术。

　　高电压与绝缘技术的基本任务是研究电气装置的绝缘、绝缘的测试和电力系统的过电压等问题。

　　电气装置中的绝缘材料在运行过程中要承受各种电压的作用,并且会发生极化、电导和损耗等现象,它们对绝缘的运行会产生重要的影响。当作用到绝缘材料上的电压超过其承受能力时,绝缘材料会失去绝缘能力而转变为导体,即发生击穿现象。因此,需要研究各种绝缘材料在电压作用下的电气物理性能,特别是其在高电压作用下的击穿特性,以选择合适的绝缘材料并设计合理的绝缘结构,这样才能保证电气装置的绝缘在一定电压下安全可靠地运行。

　　研究电气装置绝缘的击穿特性需要进行各种电压的试验,电气设备运行过程中绝缘出现的缺陷也需要通过高电压试验才能检出,因此,高电压试验是研究绝缘击穿机理、影响击穿因素、绝缘耐受电压水平的最好方法。对电气装置的绝缘进行试验,可以消除隐患,防患于未然,这就要求必须掌握绝缘测试的原理和方法,产生高电压的方法和电压测量手段。

　　电气装置的绝缘在运行过程中不仅要承受工作电压的持续作用,还会受到各种过电压的作用。如果过电压的幅值超出绝缘能够承受的电压水平,绝缘就会发生击穿,从而影响电力系统的安全稳定运行。因此,研究过电压的产生过程和防护措施是高电压与绝缘技术的另一基本内容。

目前,我国电力系统正在进入特高压输电和智能电网的时代,交流传输最高电压已提升到 1 000 kV,直流传输最高电压也已提升到 ±1 100 kV,大量智能变电站投入运行,电网运行与控制的自动化程度也越来越高。不断提高的输电电压等级和智能电网的技术要求,既给高电压与绝缘技术提出了许多有待进一步研究的现实问题,也使高电压与绝缘技术的理论和实践不断完善和发展。

5.1　高电压与绝缘技术的主要内容

5.1.1　典型绝缘材料

在电工技术上,电阻系数大于 10^9 $\Omega \cdot cm$ 的材料被称为绝缘材料或电介质,其作用是在电气设备中把电位不同的带电部分隔离开来。绝缘材料应具有良好的介电性能,即具有较高的绝缘电阻和耐受电压强度,并能避免发生漏电、爬电或击穿等事故。其耐热性能要好,尤其以不因长期受热作用而产生性能劣化最为重要。此外,还要有良好的导热性、耐潮和有较高的机械强度以及工艺加工方便等要求。绝缘材料按其存在状态分为气体、液体和固体等三种类型。

(1)气体绝缘材料

气体是电气设备中重要的电介质。在一些设备中,气体作为主绝缘,其他固体电介质只起支撑作用,例如架空线、空气电容器、断路器等。气体也可与承担主绝缘的固体或液体电介质以串联或并联的形式存在。另外,在固体或液体绝缘中,都或多或少地存在一定量的气体空隙,因此,气体绝缘材料是绝缘技术中应用最广泛的绝缘材料。

气体绝缘材料主要包括空气、氮气、六氟化硫和它们的混合气体等。

1)空气

空气在自然界中分布最广且最廉价,是应用最广的一种气体电介质。作为一种混合介质,空气具有液化温度低(-192 ℃)、击穿后能自愈、物理化学性能稳定等优点,所以在断路器中多以空气作为绝缘介质。

2)氮气

与空气相比,氮气化学性质更稳定(空气中含有约 21% 的氧气及其他杂质,与金属材料接触时,由于氧化使之易于腐蚀材料),其呈惰性且不助燃,压缩氮气在电气设备中是一种常用的气体电介质。

3）六氟化硫气体

六氟化硫（SF$_6$）气体是一种电负性气体（即容易吸附自由电子），具有较高的击穿场强。在均匀电场下，其耐受击穿场强大约为空气的2.5倍。在高压开关设备中，SF$_6$气体的工作压力为0.6 MPa，此时击穿场强高出0.1 MPa空气的10倍。因此，使用SF$_6$气体的高压开关设备，能大幅减小占地面积和设备体积。空气与SF$_6$开关设备的占地面积之比为30：1。同时SF$_6$气体具有优良的灭弧性能，在高压灭弧室中，其灭弧能力约为空气的数十倍。

纯净的SF$_6$气体是无毒的，有较好的化学稳定性和耐热性，在150 ℃下不与水、酸、碱、卤素及绝缘材料作用，在500 ℃以下不分解，但温度超过600 ℃时，SF$_6$气体将产生部分热分解。近30年来，SF$_6$气体在高压电气设备中的应用日益广泛，如充SF$_6$气体的互感器和断路器已成为我国220～500 kV电力系统中的主流设备。图5.1为充有SF$_6$气体的全封闭组合开关设备。

图5.1　气体绝缘组合开关设备

4）混合气体

混合气体通常由两种或多种气体组成，目前作为电气绝缘用混合气体大致可分为：

①SF$_6$或氟化烃气体与永久性气体混合，如SF$_6$-He，SF$_6$-N$_2$；

②SF$_6$和其他电负性气体混合，如SF$_6$-空气，SF$_6$-CO$_2$，SF$_6$-N$_2$，SF$_6$-氟化烃气体；

③其他混合气体，如CO$_2$-N$_2$，CO$_2$-空气。

在上述混合气体中，SF$_6$和其他气体的混合气体具有比纯SF$_6$更优异的电气强度，价格也较便宜，特别是SF$_6$-N$_2$混合气体，被认为是目前较有发展前途的一种混合气体。

（2）**液体绝缘材料**

液体绝缘材料不仅具有较高的电气强度，而且它的流动性使其还具有散热和灭弧作用，特别是它和固体绝缘材料一起使用时，可以填充固体介质的空隙，从而大大提高了绝缘的局部放电起始电压和绝缘的电气强度。在一些高压电气设备中,充作绝缘用的液体绝缘材料主要是矿物油和合成油两大类。

矿物油是从石油中提炼出来的由许多碳氢化合物(即一般所称的"烃")组成的混合物。其中,绝大部分为烷烃、环烷烃和芳香烃这三种。不同地区出产的矿物绝缘油,上述这三种主要烃类含量也多有不同。按不同成分和经不同精制过程后分别适用于不同电气设备的绝缘油,分别称为变压器油、电容器油、电缆油和开关油等。

合成油是通过化学合成或精炼加工的方法获得的,其工艺复杂,炼制成本高昂。常见的合成油包括有机硅油、十二烷基苯(分子中平均含碳原子数为 12 的烷基苯的混合物)和聚丁烯等。有机硅油多用于绝缘子表面防污闪涂刷,十二烷基苯多用于充油电缆和浸渍电容器。而目前高压电气设备中应用得最多的还是矿物油。

1)变压器油

变压器油是一种液体绝缘材料,大多采用矿物绝缘油,是石油的一种分馏产物,其主要成分是烷烃、环烷族饱和烃、芳香族不饱和烃等化合物。变压器油用于油浸变压器及其他油浸电力设备(如油断路器、互感器等)中,具有质地纯净、绝缘性能良好、理论性能稳定、粘度较低等特点。图 5.2 和图 5.3 分别为纯净变压器油和不纯净变压器油。

图 5.2　纯净变压器油　　　　　　　　图 5.3　不纯净变压器油

国产的变压器油直接用油的凝点作为标号。变压器油按凝固点分成三个牌号,即 10#、25#、45#,其代号为 DB—10、DB—25、DB—45。其中,10#变压器油的凝固点为 −10 ℃,25#变压器油的凝固点为 −25 ℃,45#变压器油的凝固点为 −45 ℃。10 号变压器油适用于在我国的长江流域及以南的地区;25 号变压器油适用于黄河流域及华中地区;45 号变压器油适用于西北、东北地区。

一般来讲,变压器油具有以下四个作用:

①绝缘作用。在电气设备中,变压器油将不同电位的带电部分隔离开来,使不至于形成短路。因为空气的介电常数为1.0,而变压器油的介电常数为2.25,油的绝缘强度要比空气大得多。变压器绕组之间充满了变压器油,增加了介电强度,绝缘就不会被击穿,并且随着油的质量提高,设备的安全系数就越大。

②散热冷却作用。变压器在带电运行过程中,由于绕组有电流通过,它必然会发热。如果不将绕组内的这种热量散发出来,会使绕组和铁芯内积蓄的热量越积越多而使铁芯内部温度升高,从而损坏绕组外部包覆的固体绝缘,以至于烧毁绕组。若使用变压器油,绕组内部产生的这部分热量先是被油吸收,然后通过油的循环使热量散发出来,从而保证设备的安全运行。

③灭弧作用。在油断路器和变压器的有载调压开关上,触头切换时会产生电弧。由于变压器油导热性能好,且在电弧的高温作用下能分解大量气体,产生较大压力,从而提高了介质的灭弧性能,使电弧很快熄灭。

④密封作用。变压器油充填在绝缘材料的空隙之中,能将易于氧化的纤维素和其他材料所吸收的氧含量减少到最低限度。

2)有机硅油

硅油一般都是指有机硅油,一般都是二甲基硅油。它是一种不同聚合度链状结构的聚有机硅氧烷。它是由二甲基二氯硅烷加水水解制得初缩聚环体,环体经裂解、精馏制得低环体,然后把环体、封头剂、催化剂放在一起调聚就可得到各种不同聚合度的混合物,经减压蒸馏除去低沸物就可制得硅油。

最常用的硅油,有机基团全部为甲基,称甲基硅油。有机基团也可以采用其他有机基团代替部分甲基基团,以改进硅油的某种性能和适用各种不同的用途。

硅油一般是无色(或淡黄色),无味、无毒、不易挥发的液体。硅油不溶于水、甲醇和二醇,可与苯、二甲醚、甲基乙基酮、四氯化碳或煤油互溶,稍溶于丙酮、二恶烷和乙醇。硅油具有卓越的耐热性、电绝缘性、憎水性和较小的表面张力,有的品种还具有耐辐射的性能。

(3)**固体绝缘材料**

与气体绝缘材料、液体绝缘材料相比,固体绝缘材料由于密度较高,碰撞游离过程发展相对困难,因而击穿强度也高得多,这对减少绝缘厚度有重要意义。固体绝缘材料可以分成无机材料和有机材料两大类。

无机绝缘材料主要包括云母、粉云母及云母制品,玻璃、玻璃纤维及其制品,以及电瓷、氧化铝膜等。它们耐高温,不易老化,具有相当高的机械强度,其中某些材料(如电瓷等)成本低,在应用中占有一定地位。无机固体绝缘材料的缺点是加工性能差,不易适应电工设备对绝缘材料的成型要求。

有机绝缘材料主要有虫胶、树脂、橡胶、棉纱、纸、麻、蚕丝、人造丝等,大多用于制造绝缘漆、绕组导线的包裹绝缘物等。在 19 世纪时,以天然有机材料为主,如纸、棉布、绸、橡胶等。这些材料都具有柔顺性,能满足应用工艺要求,又易于获得。20 世纪以来,人工合成高分子材料的出现从根本上改变了固体绝缘材料的面貌。最早是胶木被用作绝缘材料,稍后出现了聚乙烯、聚苯乙烯,由于它们的介电常数和介质损耗特别小而满足了高频要求,适应了雷达等新技术的发展。有机硅树脂结合无碱玻璃布,大大提高了电机、电器的耐热等级。聚酯薄膜的厚度仅几十微米,用它代替原来的纸和布,使电机、电器的技术经济指标大为提高。弹性体材料也有类似的发展,例如耐热的硅橡胶、耐油的丁腈橡胶以及随后的氟橡胶、乙丙橡胶等。

1)云母

云母是钾、铝、镁、铁、锂等层状结构铝硅酸盐的总称,它具有很高的电绝缘强度、耐电晕、耐热以及良好的力学性能,被广泛用作电子、电力工业上的绝缘材料。例如,一片厚度为 0.025 mm 的云母片,其电击穿强度达 4 kV,按击穿场强计算为 1 600 kV/cm(空气间隙的击穿场强只有 30 kV/cm);它的抗电晕和电火花的能力高于所有的有机绝缘材料;在 500 ℃以下的温度范围内,它能长期保持透明状态,没有弹性损失和碳化现象。

云母的颜色特征通常可用来判断其绝缘性能,工业云母一般以浅色为好。白云母和金云母具有良好的电绝缘性和不导热、抗酸、抗碱和耐受电压性能,而黑云母的绝缘性能非常差(铁元素含量很高)。图 5.4 为天然白云母。图 5.5 为天然金云母。

图 5.4　天然白云母　　　　　　　　图 5.5　天然金云母

云母绝缘材料可按不同的特征进行分类,按其组成可分为片云母、粉云母绝缘材料、有或无补强材料的云母绝缘材料。按其形状和工艺特性可分为云母板、云母带和云母箔。云母带具有良好的电气和力学性能,在室温下具有柔软性,可以连续包绕电机线圈,经浸渍或模压成型为电机线圈主绝缘。图 5.6 为包绕电机绕组用的云母带。

2)玻璃

玻璃绝缘材料是以 SiO_2、CaO、Na_2O、B_2O_3 等为主要原料,经高温熔融而形成的组成均匀致密、无气孔的非晶态固体,通常呈透明或半透明状态。以绝缘为主要用途的玻璃又称为电

图5.6 云母带

工玻璃,不仅要求其绝缘性能好,还具有良好的机械强度、耐热性和化学稳定性等。

在高压输电线路上使用的有钢化玻璃绝缘子。由于普通玻璃具有硬脆易裂的特点,在机械强度要求较高的条件下,则需进行钢化处理。通常使用化学或物理的方法,在玻璃表面形成压应力,玻璃承受外力时首先抵消表层应力,从而提高了承载能力,增强玻璃自身抗风压

图5.7 钢化玻璃绝缘子

性、寒暑性、冲击性等。与瓷绝缘子比,钢化玻璃绝缘子的机械强度约是瓷质绝缘子的2倍,耐电击穿性能是瓷质绝缘子的3~4倍。此外,钢化玻璃绝缘子的耐振动疲劳、耐电弧烧伤和耐冷热冲击性能也都优于瓷质绝缘子。图5.7为钢化玻璃绝缘子。

热膨胀性玻璃毡是一种性能独特、用途甚广的新型间隔填充紧固材料,在电机上可以使用的部位很多。比如:用来制作中型直流电机补偿绕组端线铜排之间的隔离及紧固绝缘垫片;制作大型直流电机换向器竖板根部紧固及加强绝缘;制作交直流电机磁极线圈上下层绝缘垫圈、磁极线圈;制作铁芯之间的衬垫绝缘、定子和电枢上下层线圈间槽内垫条;制作绕组端部之间的间隔垫片或垫块等。

由于玻璃纤维比任何天然纤维及其他人造纤维具有更好的耐热性及不燃性,所以用玻璃纤维作绝缘材料的电动机能够经受超负荷而引起的过热,在高温环境下长期使用能大大延长使用寿命。其次,玻璃纤维抗拉强度高,比如用玻璃纤维拧成的玻璃绳,可称是"绳中之王"。一根手指那样粗的玻璃绳,竟能够吊起一辆载满货物的卡车!其伸长率小,可用来制作机械强度高而绝缘厚度薄的电绝缘材料(发电机里用玻璃丝带绑扎定子绕组)。此外,玻璃纤维吸湿性或吸水率很小,水分不能进入玻璃纤维单丝内部,与其他纤维相比,具有较高的绝缘电阻,特别是湿态性能好。所以,用玻璃纤维作绝缘材料的电气设备在长期停用受潮后,能很容

易干燥而恢复绝缘。图 5.8 为用于绑扎电机绕组的无碱玻璃丝带。

3）陶瓷

陶瓷是以粘土、长石等为主要原料经高温烧制而成具有坚硬结构的无机材料。陶瓷作为绝缘材料有着悠久的历史,是人类最早使用的绝缘材料,它对电力工业的发展做出了重要贡献。

在当今电力系统中,瓷绝缘材料仍然是输变电设施的主要绝缘材料。与其他绝缘材料相比,瓷绝缘材料不仅价格低廉、机械强度高、形变小,而且还具有优异的耐冷、耐热和耐腐蚀性,应用广泛。

瓷绝缘材料可分为两大类:普通瓷绝缘材料和特种瓷绝缘材料。电力系统广泛应用的瓷绝缘子通常为普通瓷绝缘材料,它主要以粘土、长石、铝矾土等为原料制备而成。特种瓷绝缘材料是为适应航天航空、电子信息等新技术领域或高温、高频等特殊环境的需求而发展起来的一类具有耐高温、高强度、高导热等性能的新型陶瓷,如氧化铝瓷、氧化铍瓷、氮化铝瓷等,是目前研究发展的重点。图 5.9 为变压器用瓷套管。

图 5.8　无碱玻璃丝带　　　　　　图 5.9　瓷套管

4）合成树脂

合成树脂是由人工合成的一类高分子聚合物,为粘稠液体或加热可软化的固体,受热时通常有熔融或软化的温度范围,在外力作用下可呈塑性流动状态,某些性质与天然树脂相似。合成树脂最重要的应用是制造塑料。为便于加工和改善性能,常添加助剂,有时也直接用于加工成形,故常是塑料的同义语。实际应用中,常按其热行为分为热塑性树脂和热固性树脂。

热塑性树脂是加热成型后冷却硬固,再加热又软化,可以多次反复成型,具有可溶性的树脂。热塑性树脂种类很多,如聚乙烯(PE)、聚氯乙烯(PVC)等。

热固性树脂在热压成型后成为不溶熔的固化物,再加热也不软化,即只能塑制一次,如酚醛树脂、环氧树脂、交联聚乙烯等。

聚乙烯是一种优质的化工原料,通过交联反应,使聚乙烯分子从二维结构变为三维网状结构。这种材料简称 XLPE,即交联聚乙烯。交联技术是提高聚乙烯性能的一种重要技术。经过交联改性的聚乙烯可使其性能得到大幅度的改善,不仅显著提高了聚乙烯的力学性能、耐环境应力开裂性能、耐化学药品腐蚀性能、抗蠕变性和电性能等综合性能,而且非常明显地提高了耐温等级,可使聚乙烯的耐热温度从 70 ℃提高到 100 ℃以上,从而大大拓宽了聚乙烯的应用范围。目前,电力电缆的生产中,交联聚乙烯绝缘已逐渐取代聚氯乙烯绝缘。图 5.10 为交联聚乙烯绝缘电缆,其中白色部分即为交联聚乙烯。

酚醛树脂也叫电木,又称电木粉。原为无色或黄褐色透明物,市场上的销售产品往往加着色剂而呈红、黄、黑、绿、棕、蓝等颜色,有颗粒、粉末状。酚醛树脂最重要的特征就是耐高温性,即使在非常高的温度下,也能保持其结构的整体性和尺寸的稳定性。酚醛树脂通常用于制作绝缘隔板、低压刀闸外壳等。图 5.11 为酚醛层压布板。

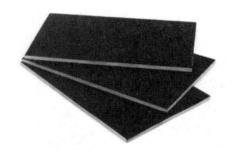

图 5.10　交联聚乙烯电缆　　　　　　　图 5.11　酚醛层压布板

环氧树脂是泛指分子中含有两个或两个以上环氧基团的有机高分子化合物,除个别外,它们的相对分子质量都不高。使用环氧树脂时,必须在树脂中加入固化剂,并且根据需要还应加入稀释剂、增韧剂、填料、偶联剂、阻燃剂及颜料等,才能制成具有使用价值的环氧塑料、环氧涂料、胶粘剂及其他环氧材料。环氧材料的电气绝缘性能尤其突出,不加填料时,固化物的击穿电压高于 1.6×10^7 V/m,电阻率高于 10^{11} Ω·m。目前,在小容量电气设备领域,环氧树脂浇注法生产的电气设备大有取代油浸式设备的趋势,如干式变压器、干式互感器等。图 5.12 为环氧树脂浇注的干式变压器。

5.1.2　电介质的电气性能

电介质在电场作用下会产生许多物理现象,如极化、电导、游离、损耗和击穿放电等现象,正确理解和认识这些现象,对进行绝缘结构的合理设计、绝缘材料的合理利用以及对绝缘性能的准确评估有着非常重要的意义。

（1）**电介质的极化**

电介质在没有外电场作用时，内部的正、负电荷处于相对平衡状态，正、负电荷的作用中心互相重合，整体上对外没有极性。当有外电场作用时，均匀介质内部各处仍呈电中性，但在介质表面要出现异号电荷（靠近正极板的表面出现负电荷，靠近负极板的表面出现正电荷），这是电介质中的正、负电荷在电场作用下沿电场方向发生有限位移的结果。电介质表面出现的电荷不能离开电介质到其他带电体，也不能在电介质内部自由移动，我们称它为束缚电荷。因此，在外电场作用下，电介质表面出现束缚电荷的现象，我们称为极化。

根据电介质的物质结构，极化的基本形式有电子式极化、离子式极化、偶极子式极化、夹层式极化等。

1）电子式极化

任何电介质都是由原子组成，原子由带正电荷的原子核和带负电荷的外层电子组成。无外电场时，原子中的正、负电荷的电荷量相等，且正、负电荷作用中心重合，对外不显电性。而在外电场作用下，原子外层电子轨道相对于原子核产生位移，其正、负电荷作用中心不再重合，对外呈现出一个电偶极子的状态，如图 5.13 所示。这就是电子式极化。电子式极化存在于一切电介质中。

图 5.12   环氧树脂干式变压器

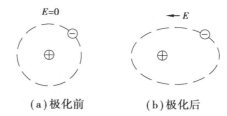

（a）极化前　　　（b）极化后

图 5.13   电子式极化示意图

电子式极化的特点为：极化过程所需的时间极短，约 $10^{-14} \sim 10^{-15}$ s；极化程度与电源频率无关，与温度无关；此种极化是弹性的，去掉外电场，可立即恢复，无能量损耗。

2）离子式极化

离子式极化发生于离子结构的电介质中。固体无机化合物（如云母、陶瓷、玻璃等）多属于离子结构。在无外电场作用时，每个分子的正、负离子的作用中心是重合的，故不呈现极性，如图 5.14（a）所示。在外电场作用下，正、负离子偏移其平衡位置，正、负离子的作用中心不再重合,从而使整个分子呈现极性,如图 5.14(b)所示,这种极化称为离子式极化。

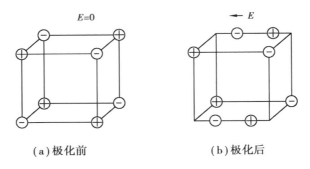

(a)极化前　　　　　　(b)极化后

图 5.14　离子式极化示意图

离子式极化的特点为:极化过程所需的时间极短,约 $10^{-12} \sim 10^{-13}$ s;极化程度与电源频率无关,但随温度升高而略有增加;此种极化是弹性的,去掉外电场,可立即恢复,无能量损耗。

3)偶极子式极化

偶极子是一种特殊的分子。没有外电场时,它的正、负电荷的作用中心不相重合,好像分子的一端带正电,分子的另一端带负电,从而形成一个永久性的偶极矩(偶极矩是指正、负电荷中心间的距离 r 和电荷所带电量 q 的乘积)。具有这种永久性偶极矩的分子称为极性分子,水分子就是典型的极性分子,其他诸如蓖麻油、氯化联苯、橡胶、胶木和纤维素等都是常用的极性绝缘材料。

极性电介质的分子本身就是一个偶极子。在没有外电场作用时,单个偶极子虽然具有极性,但各个偶极子处于不停的热运动中,排列毫无规则,对外的作用互相抵消,整个介质对外不呈现极性,如图 5.15(a)所示。在有外电场作用时,偶极子受电场力的作用发生转向,并沿电场方向定向排列,整个介质对外呈现极性,如图 5.15(b)所示。这种由偶极子转向造成的极化称为偶极子式极化。

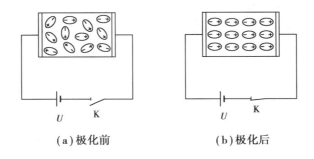

(a)极化前　　　　　　(b)极化后

图 5.15　偶极子式极化示意图

由于偶极子分子每次转向都要克服分子间的摩擦力和吸引力,在交流电压作用下,每过半个周期就要换向一次,因此由偶极子分子组成的电介质在工频交流电压作用下的极化损耗要远大于直流电压下的损耗。

偶极子式极化的特点为：极化过程所需的时间较长，约 $10^{-10} \sim 10^{-2}$ s；极化程度与电源频率有关，与温度有关；此种极化是非弹性的，去掉外电场，不能立即恢复，有能量损耗。

4）夹层式极化

电气设备的绝缘常采用几种不同电介质组成复合绝缘。对于复合介质，外加电场时，各电介质在电场作用下都要发生极化。由于各电介质介电常数不同，极化程度也不同，故介质交界面积聚的异号电荷不相等，界面处出现多余的电荷，对外呈现出极性。这种使夹层电介质交界面上出现电荷积聚的过程叫做夹层式极化。图 5.16 为夹层式极化示意图。

夹层式极化的特点为：极化过程缓慢，从数秒到数十分钟甚至数小时；此种极化是非弹性的，去掉外电场，交界面上的电荷不能自行消失，极化过程有能量损耗。

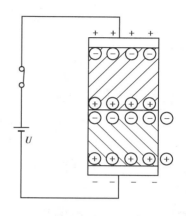

图 5.16　夹层式极化示意图

（2）**电介质的电导和绝缘电阻**

电介质的基本功能是绝缘，将不同电位的导体隔开。理想的绝缘是不导电的，但这种"不导电"并非绝对不导电，而只是导电性很差。在电介质内部或多或少存在带电粒子，它们在电场作用下会不同程度地作定向移动而形成电流，这就是电介质的电导。

电介质的电导可分为离子电导和电子电导。正、负离子沿电场方向移动，形成电导电流，这就是离子电导。自由电子在电场作用下移动形成电导电流，这就是电子电导。气体电导主要是电子电导。液体和固体电导主要是离子电导。

与金属导体的电导相比，电介质的电导过程中所流过的电导电流非常小。表征电导大小的物理量是电导率 γ，它是电阻率 ρ 的倒数。

电介质电导受温度的影响与导体完全相反。温度升高，电介质中的离子热运动加剧，在电场作用下作定向运动的离子数量和速度增加，电导增大，所以电介质的电导率随着温度上升而增大，且按指数规律增大。而导体的电导主要是由电子定向移动而形成的，温度升高，导体中的原子热振动加强，定向漂移的电子与原子的碰撞机会增多，电子的运动受到了阻碍，对外呈现的电导就减小。

在固体介质上加直流电压，流过电介质的电流变化规律如图 5.17 所示。

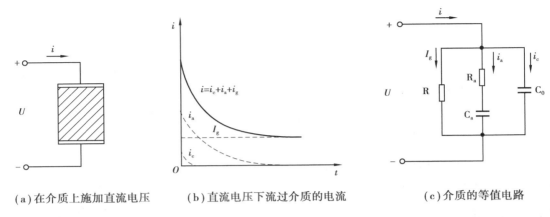

（a）在介质上施加直流电压　　　（b）直流电压下流过介质的电流　　　（c）介质的等值电路

图 5.17　电介质中的电流及其等值电路

当开关 K 合上后,可以观察到回路中流过一个微小电流 i,它随时间逐渐衰减,最后达到某个稳定值,这个现象称为吸收现象。流过电介质的电流 i 由三个分量组成:

$$i = i_c + i_a + i_g$$

式中　i_c——无损极化所形成的电容电流,它存在的时间极短,很快衰减到零;

　　　i_a——由夹层式极化、偶极子式极化等有损极化过程产生的电流,称为吸收电流,它随时间衰减较缓慢;

　　　i_g——由电介质中的离子在电场作用下定向移动所形成的电流,称为电导电流或泄露电流,它是一个恒定分量,不随时间变化,数值非常小,为微安级。

电介质中流过的泄露电流所对应的电阻称为介质的绝缘电阻。

$$R = \frac{U}{i_g} \tag{5.1}$$

由于电介质的吸收现象,实验中所测得的绝缘电阻随时间变化的曲线如图 5.18 所示。

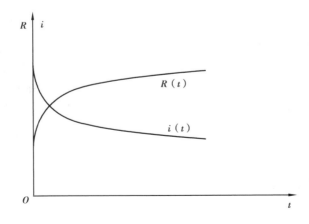

图 5.18　绝缘电阻随时间的变化

良好的电介质中流过的泄露电流非常小,因此绝缘电阻数值很大,为兆欧级。绝缘电阻

与绝缘介质的电阻率、尺寸大小、温度等因素有关,它有以下特点:

①绝缘电阻有负的温度系数,因为温度升高、电导增大,所以绝缘电阻下降。

②绝缘电阻随外加电压的上升而下降,因为电压升高,电介质的电离程度增大,电导增大,所以绝缘电阻下降。

③绝缘电阻随加压时间的增长而增大,加压后的初始阶段存在极化过程,此时电流较大,绝缘电阻较小。经过一段时间,极化过程完成,仅存在电导过程,此时流过介质的电流为微小的泄露电流,绝缘电阻相应增大。

(3)电介质的损耗

从电介质的极化和电导的基本知识可以得出,任何电介质在电压作用下都有能量损耗。电介质在电场作用下会发生极化过程和电导过程,因此电介质的能量损耗包括两种,一种是由极化过程引起的损耗;另一种是由电导引起的损耗。电介质的能量损耗简称为介质损耗。

极化损耗主要是指由极性介质中的偶极子极化和复合介质中的夹层式极化引起的损耗。在直流电压下,由于极化过程仅在电压施加后初始的很短时间内存在,而没有周期性的极化过程,因此在直流电压下可以认为不存在极化损耗;在交流电压下,由于电介质随交流电压极性的周期性改变而作周期性的正向极化和反向极化。极化过程始终存在于整个加压过程中,因此就要引起能量损耗。极化损耗仅在交流电压下存在。

电导损耗是指在电场作用下由泄露电流引起的能量损耗。由于泄露电流与电压的频率无关,因此电导损耗在直流电压和交流电压下都存在。

归纳起来,直流电压仅存在电导损耗而无极化损耗。这时用电导率或电阻率已能表征介质的损耗特性。而在交流电压下,既有极化损耗又有电导损耗,一般用介质损耗角的正切值来描述电介质的损耗程度。

5.1.3　气体电介质的击穿

(1)气体中带电粒子的产生和消失

纯净的中性状态的气体是不导电的,只有在气体中出现了带电质点(电子、离子)等以后,才可能导电,并在电场作用下发展成各种形式的气体放电现象。

气体中产生带电质点的过程称为游离或电离,是指中性气体原子在外界因素(强电场、高温等)的作用下,获得足够大的能量之后,可使原子中的一个或几个电子完全摆脱原子核的束缚,形成自由电子和正离子。

气体原子的游离可由下列因素引起:①电子与气体分子的碰撞;②各种光辐射;③高温下气体的热能。根据不同的游离因素,强电场作用下的游离分为以下几种形式:

1）碰撞游离

处在电场中的带电粒子,除了经常作不规则的热运动、不断地与其他粒子发生碰撞外,还受电场力的作用,沿电场方向不断加速并积累动能。当具有足够能量的带电粒子与中性气体分子碰撞时,就可能使气体分子发生游离。这种由碰撞引起的游离称为碰撞游离。

电子在强电场中产生的碰撞游离是气体中带电粒子的重要来源,在气体放电中起着重要的作用。气体中的电子、离子及其他质点与中性原子的碰撞都可能产生游离,但因为电子的尺寸及质量比离子小得多,其平均自由行程(粒子在两次碰撞之间的行程叫自由行程)远大于离子的自由行程,因此容易被电场所加速,并积累起游离所需的能量。而离子或其他质点因其本身的体积和质量较大,难以在碰撞前积累足够的动能,因而产生碰撞游离的可能性很小。

2）光游离

由光辐射引起气体原子或分子产生的游离,称为光游离。光是频率不同的电磁辐射,也具有粒子性,可视为质点,称为光子。光子的能量为

$$W = h\nu = h\frac{c}{\lambda} \tag{5.2}$$

式中　h——普朗克常数,$h = 6.62 \times 10^{-27}$ J·s;

　　　ν——光子频率;

　　　c——光速;

　　　λ——光的波长。

由此可见,光子的能量与波长有关,波长越短,能量越大。当光子的能量等于或大于气体原子或分子的游离能时,就可能引起光游离。

通常,普通的可见光是不能直接产生光游离的,导致气体光游离的光子可以是宇宙射线、γ 射线、X 射线等短波长的高能射线。

3）热游离

因气体热状态引起的游离过程,称为热游离。在常温下,气体质点的热运动所具有的平均动能远低于气体游离所需要的能量(游离能),因此不能产生热游离。但是在高温下,如电弧放电时,气体温度可达数千摄氏度,气体质点热运动加剧,其动能增大,此时气体质点所具有的动能就足以引起碰撞游离。此外,高温气体的热辐射也能导致热游离,因此热游离是碰撞游离和光游离的综合。

4）表面游离

放在气体中的金属电极表面游离出自由电子的现象称为表面游离。使金属释放出电子也需要能量,使电子克服金属表面的束缚作用,这个能量通常称为逸出功。金属表面游离所需能量可以从下述途径获得:

①正离子碰撞阴极。正离子在电场中向阴极运动,碰撞阴极时将动能传递给阴极中的电子可使其从金属中逸出。在逸出的电子中,一部分可能和撞击阴极的正离子结合成为分子,其余的则成为自由电子。只要正离子能从阴极撞击出至少一个自由电子,就可认为发生了阴极表面游离。

②短波光照射。阴极表面受到短波光的照射,也能产生表面游离。

③强场发射。在阴极附近加上很强的外电场时,将电子从阴极表面拉出来,称为强场发射或冷发射。由于强场发射所需电场极强,一般气体间隙达不到如此高的场强,所以不会产生强场发射。而在高真空间隙的击穿时(如真空断路器动、静触头击穿),强场发射具有重要意义。

表面游离与其他游离形式的区别在于:发生其他形式的游离时,自由电子和正离子同时出现,而表面游离只产生自由电子,没有正离子出现。

在带电质点产生的同时,也存在另外一个过程,即带电质点消失的过程,这个过程通常叫去游离过程。在电场作用下,气体中放电是不断发展以致击穿,还是气体尚能保持其电气强度而起绝缘作用,就取决于上述两种过程孰强孰弱。如果去游离过程强于游离过程,说明带电粒子数目是不断减少的,气体最终会恢复到绝缘状态。反之,气体放电持续进行。

带电粒子的消失主要有以下几种形式:

①带电质点受电场力的作用流入电极。在外电场的作用下,气体间隙中的正、负电荷分别向两电极作定向移动,到达两电极后发生电荷的中和。

②带电质点的扩散。这是指带电质点从浓度较大的区域转移到浓度较小的区域,从而使带电质点在空间各处的浓度趋于均匀的过程。带电质点的扩散同气体分子的扩散一样,都是由热运动造成的。带电质点的扩散使放电通道中的带电质点数减少,可导致放电过程减弱或停止。

③带电质点的复合。带正、负电荷的质点相遇,发生电荷的传递、中和而还原成中性质点的过程,称为复合。正、负离子的复合远比正离子与自由电子的复合容易得多,参加复合的电子大多数是先形成负离子后再与正离子复合的。在复合过程中,质点原先在游离时所吸取的能量以光子的形式释放出来。异号质点的浓度愈大,复合愈强烈。因此,强烈的游离区通常也是强烈的复合区,同时伴随着强烈的光辐射,这个区的光亮度也就愈大。我们平时所看到的电弧或闪电现象,正是带电粒子复合所释放出来的光子所致。

④附着效应。某些气体中的中性分子(或原子)具有较大的电子亲和力,当电子与其相碰撞时,便被其吸附而成为负离子,同时释放出能量。这个过程称为气体的附着效应。容易附着电子形成负离子的气体称为电负性气体,如氧气、氯气、氟气、水蒸气、六氟化硫等都属于电负性气体。

电子被电负性气体俘获而形成质量大、速度小的负离子后,游离能力大为降低。因此,附着效应起着阻碍放电的作用,电负性气体具有较高的绝缘强度。

（2）**气体放电理论**

1）汤逊理论

20 世纪初,英国物理学家汤逊（John Sealy Townsend）在均匀电场、低气压、短间隙的条件下进行了放电实验,根据实验结果提出了解释气体放电过程的理论,称为汤逊理论（亦称电子崩理论）。

汤逊理论认为:受外界因素的作用,在气体间隙中存在自由电子。这些自由电子在电场中被加速,并在运动过程中不断与气体原子或分子发生碰撞;当电子获得电场提供的足够动能时,就会使气体原子产生碰撞游离,形成新的自由电子和正离子。这些新产生的电子和原有电子又从电场中获得能量,并继续碰撞其他气体原子,又可能激发出新的自由电子。这样,自由电子数将会成指数倍地增长,形成电子崩（电子数目的增加犹如高山雪崩一样）。

电子崩中,因碰撞游离产生电子的同时,也产生正离子。电子向阳极运动,正离子向阴极运动。正离子向阴极运动过程中,最终撞击阴极表面使其产生表面游离。从阴极表面逸出的电子作为新的起始电子又重复上述电子崩过程,使气体间隙维持放电状态。

汤逊理论可以用来解释均匀电场、低气压、短间隙条件下的气体放电。

2）流注理论

汤逊理论对于高气压、长间隙中的一些放电现象却无法解释,如根据汤逊理论,气体放电应在整个间隙中均匀连续发展,但在大气压下气体击穿时却出现带有分支的明亮细通道（如闪电）。

在汤逊之后,由洛依布（Loeb）和米克（Meek）等在实验的基础上建立了一种新的理论——流注理论,弥补了汤逊理论的不足,较好地解释了高气压、长间隙的气体放电现象。

流注理论认为,在外部游离因素作用下,会在阴极附近产生起始有效电子。当外加电场足够强时,这些有效电子在电场作用下,在向阳极运动的途中不断与中性原子发生碰撞游离,而形成初始电子崩。由于电子的运动速度远大于正离子的速度,因此电子集中在朝着阳极的崩头部。当初始电子崩发展到阳极时,崩中的电子迅速进入阳极进行中和,暂留的正离子与负离子（中性原子吸附速度较慢的自由电子后形成的）发生复合过程,向周围释放大量光子。这些光子使附近的气体因光游离而产生二次电子。二次电子在电场作用下,又形成新的电子崩,即二次电子崩。二次电子崩头部的电子向初始电子崩的正离子区域运动,与之汇合成为充满正负带电粒子的混合通道,这个通道称为流注。流注通道由于含有大量正负粒子,其导电性能良好,且其端部又有二次电子崩留下的正电荷,因此大大加强了流注发展方向的电场,促使更多的新电子崩与之汇合,从而使流注向前发展。当流注通道贯穿两极时,就导致气体间隙完全击穿。云层对大地的闪电现象就可以用流注理论来解释。图 5.19 为流注的形成和发展过程。

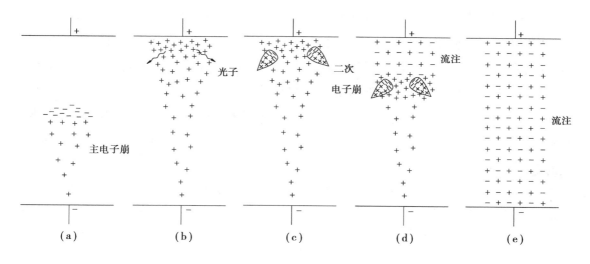

图 5.19　流注的形成和发展

（3）**典型气体放电现象**

1）电晕放电

当电场极不均匀时，随间隙上所加电压的升高，在曲率半径小的电极附近，电场强度将先达到引起游离过程的数值，间隙在这一局部区域形成自持放电，称电晕放电，如图 5.20 所示。在黑暗中可看到该电极周围有薄薄的蓝紫色的发光层，这是游离区的放电过程造成的。游离区中的游离、复合，从激发状态回复到正常状态等过程都可能产生大量的光辐射。电晕电极周围的游离层称为电晕层。电晕层以外的电场很弱，电晕放电发生时，还可听到咝咝的声音，嗅到臭氧的气味。此时，回路中电流明显增加（但绝对值仍很小），可以测出能量损耗。图 5.20 为输电线路上的电晕放电。

图 5.20　输电线路电晕放电

电晕放电是极不均匀电场所特有的一种自持放电形式。开始发生电晕时的电压称电晕起始电压，而电极表面的电场强度称电晕起始电场强度。

工程上经常遇到极不均匀电场。架空输电线路就是一个例子。雨雪等恶劣天气时,在高压输电线路附近常可听到电晕的咝咝声,夜晚还可以看到导线周围有紫色晕光。电气设备在做高压试验时也会出现电晕。电晕放电会带来许多不利影响。气体放电过程中的光、声、热的效应以及化学反应等都要引起能量损耗(表5.1为超高压输电线路年平均电晕损耗);同时,放电的脉冲现象会产生高频电磁波,对无线电通信造成干扰。电晕放电还使空气发生化学反应,生成臭氧、氮氧化物等产物,臭氧、氮氧化物等产物是强氧化剂和腐蚀剂,会对气体中的固体介质及金属电极造成损伤或腐蚀。所以,在高压输电线路上应力求避免或限制电晕,特别是超高压系统中,限制电晕引起的能量损耗和电磁波对无线电的干扰已成为必须加以解决的重要问题。

表5.1　超高压输电线路年平均电晕损耗

线路电压/kV	年平均电晕损耗/(kW/km·三相)
330	<5
500	6~8
750	10~20

限制电晕最有效的方法是改进电极的形状,增大电极的曲率半径,例如采用扩径导线;在某些载流量不大的场合,可采用空心薄壳的、扩大尺寸的球面或旋转椭圆面等形式的电极,如图5.21所示。

管形母线

图5.21　母线防电晕措施

对于输电线路,通常采用分裂导线法来防止电晕的产生,就是将每相输电导线分裂为几根导线,但总的截面积不变。分裂组合后的导线,相当于增大了输电导线的半径,这样可以使导线表面的电场强度减小,从而限制电晕的形成,如图 5.22 所示。

图 5.22　500 kV 线路四分裂导线

在某些特殊的场合,电晕放电也有可利用的一面。例如电晕可降低输电线路上的雷电或操作冲击波的幅值和陡度,也可以使操作过电压产生衰减。

电晕放电在工业领域已获得广泛应用,例如净化工业废气的静电除尘器与净化水用的臭氧发生器,还可利用电晕放电使材料表面粗化,增强油墨与材料之间的吸附力,减少及消除了印刷、喷涂产品的油墨脱落现象,增强印刷及喷涂的耐磨性。

2)沿面放电

沿着固体介质表面的气体发生放电,称沿面放电,如图 5.23 所示。在电气设备中,用来固定带电部分的固体介质(如绝缘子、套管等),它们在大多数情况是处于空气中,当导体电位超过一定值时,常常在固体介质和空气的交界面上出现放电现象。当其发展为贯穿性空气击穿时,称为沿面闪络,简称闪络。沿面放电是一种气体放电现象。由于介质表面电压分布不均,沿面放电电压比气体或固体介质单独存在

图 5.23　悬式绝缘子沿面放电

时的击穿电压都低,它受表面状态、空气污秽程度、气候条件等因素影响很大。也可以说,污闪的三要素是:绝缘子表面积污、污秽层湿润和电压作用。电力系统中绝缘事故,如输电线路受雷击时绝缘子闪络,大气污秽的工业区的线路或变电所在雨雾天时绝缘子闪络引起跳闸,都是沿面放电所致。

绝缘子表面状态不同时,其闪络电压也不同。绝缘子表面处于干燥、洁净状态下的闪络电压称为干闪电压,表面洁净的绝缘子在淋雨时的闪络电压称为湿闪电压。一般湿闪电压要

比干闪电压低。以单片悬式绝缘子(X-4.5C 型)为例,湿闪电压为 45 kV,比其干闪电压75 kV 几乎降低一半。表面脏污的绝缘子在受潮情况下的闪络电压称为污闪电压。绝缘子表面在污秽层较厚而又潮湿的情况下,沿面放电电压将大大降低,可能降至干闪电压的 10% 左右。

事故统计表明:发生污闪事故往往是大面积范围的,因为一个区域内的绝缘子积污、受潮状况是差不多的,所以容易发生大面积多污点事故。污闪时自动重合闸成功率远低于雷击闪络时的情况,因而往往导致事故的扩大和长时间停电。就经济损失而言,污闪在各类事故中居首位。

我国电力系统由污闪引发的几起大范围停电事故如下:

1989 年 12 月底至 1990 年 2 月,由于持续数天大雾,豫北、冀南、晋南、晋中、京津唐以及辽西先后有 172 条线路、27 座变电站全部、部分或瞬时停电。事故面积之广、威胁之大,在我国前所未有。

1996 年底至 1997 年初,长江中下游六省一市发生较大面积污闪。同年,华北、山东、西北电网也发生了较大面积的污闪,鲁、沪、皖、鄂、赣、陕和新疆电网都发生了区域性停电事故。

2001 年 1 月至 2 月,由于持续数天大雾,污闪首先由河南电网发生并逐渐北移,经河北南网、京津唐电网直至辽宁南部和中部。沈阳70% 以上的区域停电,损失电量 937 万 kW·h;河北、河南损失电量 660 万 kW·h;邯钢停产,部分轧钢设备损坏;京广电气化铁路短时中断运行。

避免绝缘子发生污闪的措施主要有:增加绝缘子爬电距离,加强清扫,装设风力清扫环,绝缘子表面涂憎水性材料,采用合成绝缘子等。

5.1.4 液体电介质的击穿

液体电介质的击穿机理可由电击穿理论和小桥理论加以解释。

(1)电击穿理论

对于纯净液体电介质,在电场作用下,阴极上由于强电场发射或热发射出来的电子被加速,碰撞液体分子,使液体分子产生碰撞游离,形成电子崩,电流急剧增大而导致液体击穿。这与气体放电的汤逊理论所描述的过程相类似,可以用来解释纯净的液体电介质的放电过程。

液体电介质的密度远比气体电介质大,其中电子的自由行程很短,不易积累到足以产生碰撞游离所需的动能。因此,纯净液体电介质的击穿电压总比常态下气体电介质的击穿电压高得多,前者可达 10^6 V/cm 数量级,而后者只有 10^4 V/cm 数量级。

（2）**小桥理论**

工程实际中使用的液体电介质不可能是纯净的,原因是:即使以极纯净的液体介质注入电气设备中,在注入过程中就难免有杂质混入;液体介质在与大气接触时,会从大气中吸收气体和水分,且逐渐被氧化;常有各种纤维、碎屑等从固体绝缘物脱落到液体介质中;在设备运行中,液体介质本身也会老化,分解出气体、水分和聚合物。所以,工程中的液体介质总是含有杂质的。这些杂质的介电常数和电导与纯净液体介质本身的相应参数不等同,这就必然会在这些杂质附近造成局部强电场。由于电场力的作用,这些杂质会在电场方向被拉长,并逐渐沿电力线排列成杂质的"小桥"。如果此"小桥"贯穿于电极之间,则由于组成此"小桥"的纤维及水分等的电导较大,使泄漏电流增大,发热增加,促使水分汽化,形成气泡。气泡的介电常数比邻近的液体介质小得多,所以,气泡中的场强比邻近液体介质中的场强大得多,而气泡的击穿电压又比邻近液体介质小得多。所以,电离过程必然首先在气泡中发展。"小桥"中气泡增多,将导致"小桥"通道被电离击穿。这一过程是与热过程紧密联系着的,属于热击穿性质,也有人将它称为杂质击穿。图 5.24 为杂质小桥形成示意图。

（a）形成"小桥"　　　　　（b）未形成"小桥"

图 5.24　受潮纤维在电极间定向示意图

影响液体电介质击穿电压的因素主要有杂质、温度、电压作用时间、电场均匀程度、压力等,其中以杂质(如水、纤维材料)影响最为明显。

提高液体电介质击穿电压的方法有过滤、防潮等措施。如工程中常用的真空滤油机、变压器自带的硅胶呼吸器等。

5.1.5　固体电介质的击穿

电力系统中的一些电气设备常用固体电介质作为绝缘和支撑材料。固体电介质击穿后,出现烧焦或熔化的通道、裂缝等,即使去掉外施电压,也不能像气体、液体介质那样能自己恢复绝缘性能,如图 5.25 所示。

固体电介质的击穿有电击穿、热击穿和电化学击穿三种形式,每种形式的击穿过程具有不同的物理本质。

图 5.25　变压器绕组绝缘击穿

（1）**电击穿**

固体电介质的击穿与气体电介质的击穿类似，是以碰撞游离为基础的。通常认为在强电场作用下，固体电介质中存在的少量自由电子积聚足够的动能后，与中性原子发生碰撞并使其游离，产生电子崩，从而引起击穿。

电击穿是由强电场引起的，其特点是：击穿电压高，击穿时间短；击穿前介质发热不显著；击穿电压与电场的均匀程度有关，而与周围环境温度无关。

（2）**热击穿**

当固体电介质受到电压作用时，由于介质中发生损耗引起发热。当单位时间内介质发出的热量大于散发的热量时，介质的温度升高。而介质的电导具有负的温度系数，即温度越高，电导越大，这就使泄漏电流进一步增大，损耗发热也随之增大，最后温升过高，导致绝缘性能完全丧失，介质即被击穿。这种与热过程相关的击穿称为热击穿。当绝缘原来存在局部缺陷时，则该处损耗增大，温升增高，击穿就容易发生在这种绝缘局部弱点处。

热击穿的特点是：击穿电压相对较低，击穿时间也相对较长；击穿前介质发热显著，温度较高；击穿电压与介质温度有很大关系，即与电压作用时间、周围环境温度、散热条件等关系密切。

（3）**电化学击穿**

电气设备在运行了很长时间后（数十小时甚至数年），运行中绝缘受到电、热、化学、机械力作用，绝缘性能逐渐劣化，这种现象称为老化。由于绝缘的老化而最终导致的电击穿或热击穿称为电化学击穿。

温度对固体电介质击穿电压的影响很大，因此要求固体电介质应具有一定的耐热能力。为了使绝缘材料能有一个经济合理的使用寿命，要规定一个最高持续工作温度。国家标准中将各种电工绝缘材料按其耐热程度划分等级，以确定各级绝缘材料的最高持续工作温度，见表5.2。

表 5.2　电介质的耐热等级

耐热等级	最高持续工作温度/ ℃	电介质种类
Y	90	未浸渍过的木材、棉纱、天然丝和纸等材料或其组合物;聚乙烯、聚氯乙烯、天然橡胶
A	105	矿物油及浸入其中的 Y 级材料;油性漆、油性树脂漆及其漆包线
E	120	酚醛树脂塑料;胶纸板;胶布板;聚酯薄膜及聚酯纤维;聚乙烯醇缩甲醛漆
B	130	沥青油漆制成的云母带、玻璃漆布、玻璃胶布板;聚酯漆;环氧树脂
F	155	用耐热有机树脂或漆黏合或浸渍的无机物(云母、石棉、玻璃纤维及其制品)
H	180	硅有机树脂、硅有机漆,或用它们黏合或浸渍过的无机材料,硅橡胶
C	>180	不采用任何有机粘合剂或浸渍剂的无机物,如云母、石英、石板、陶瓷、玻璃或玻璃纤维、石棉水泥制品、玻璃云母模压品等,聚四氟乙烯塑料

一般来讲,油浸式变压器的绝缘材料通常选用 A 级绝缘材料,小型电动机的绝缘等级是 B 级,大型发电机的绝缘等级是 F 级,环氧树脂浇注式变压器的绝缘等级也可达 F 级以上。

材料的使用温度若超过规定温度,则劣化加速。使用温度越高,寿命越短。对 A 级绝缘材料,使用温度若超过规定温度 8 ℃,则其寿命大约缩短一半,称 8 ℃规则;对 B 级绝缘材料,此温度约为 10 ℃;对 H 级绝缘材料,此温度约为 12 ℃。

对于绝缘寿命主要由老化决定的设备,设备的寿命和负荷情况有极密切的关系。同一设备,如果允许负荷大,则运行期间投资效益高,但该设备必然温升较高,绝缘热老化快,寿命短;反之欲使设备寿命长,应将使用温度规定较低,允许负荷较小,这样运行期间投资效益就会降低。综合考虑上述因素,为能获得最佳综合经济效益,应规定电气设备经济合理的正常使用期限,对大多数电力设备(发电机、变压器、电动机等),认为使用期限定为 20 ~ 25 年较合适。根据这个预期寿命,就可以定出该设备的标准使用温度。在此温度下,该设备的绝缘性能保证在上述正常使用期限内安全工作。

5.1.6　绝缘测试技术

为保证电气设备能可靠和有效地运行,从设计、制造、安装调试到运行的各个阶段,都要对电气设备进行各种测试和试验,它们分别称为型式试验、出厂试验、安装交接验收试验和预防性试验。电气设备试验根据其作用和要求可分成两大类,即性能试验和绝缘试验。

性能试验主要测试电气设备的电气性能参数(如变压器的变比、空载损耗、负载损耗等)和其他特性(如变压器的温升、断路器的动作特性等),以保证电气设备在运行中能起到它应起的作用;绝缘试验则按照规定的试验方法对绝缘的性能进行测试或试验,以掌握电气设备绝缘的状况。绝缘试验通常采用电气的方法进行,即加上规定的试验电压后进行测试。试验电压一般都是高压,所以绝缘试验习惯上又称为高压试验。近年来发展的溶解气体色谱分析、油中水的分析、超声波探测法等则采用非电气的试验方法来对绝缘的状况进行诊断。

电气设备的绝缘在生产制造或运行中会产生缺陷,这些缺陷会导致绝缘的电气强度降低,是电气设备运行过程中的事故隐患。绝缘缺陷一般可分为两类:一类是集中性缺陷,如绝缘子的瓷质开裂、发电机绝缘局部磨损和挤压破裂、电缆绝缘层内存在的气泡等;另一类是分布性缺陷,如介质整体受潮、老化、变质等。绝缘缺陷有些固然是在设计、制造、运输、安装调试过程中遗留下来的(没有被出厂试验和交接验收试验发现),但大多数是运行过程中在电压(工作电压和过电压)、机械应力、热、化学等方面的因素作用下产生的。

绝缘试验就是为了发现电气设备中可能存在的隐患,预防发生事故或设备损坏,对设备进行的检查、试验或监测,包括取油样或气样进行的试验。

绝缘试验可分为两类:一类为绝缘特性试验,是指在较低电压下或者是用其他不损伤绝缘的方法来测量绝缘的各种特性,从而判断绝缘的内部情况,如绝缘电阻试验、泄漏电流试验、局部放电试验、介质损失角正切值试验、油中各种气体含量试验等;另一类为绝缘耐压试验,是模仿电气设备绝缘在运行中可能受到的各种电压(包括电压波形、幅值、持续时间等)对绝缘施加与之等价的电压,从而考验绝缘耐受这类电压的能力,如直流耐压试验、交流耐压试验、雷击和操作过电压冲击耐压试验等。它能够揭露那些危险性较大的集中性缺陷,保证绝缘具有一定的耐压水平。绝缘特性试验因所加的电压较低,不会对绝缘造成损伤,故也称非破坏性试验;而耐压试验因所加的电压较高,可能对绝缘造成损伤,甚至击穿有严重缺陷的绝缘,故也称破坏性试验。

绝缘特性试验和耐压试验各有优缺点。绝缘特性试验能检查出缺陷的性质及其发展程度,但不能推断绝缘的耐压水平。耐压试验能直接反映绝缘的耐压水平,但不能揭示绝缘缺陷的性质,因此两类试验互相补充,而不能互相代替。通常,在绝缘特性试验合格后方能进行耐压试验,以免不必要的损坏。

(1)绝缘电阻试验

绝缘电阻试验是电气设备绝缘试验中一种最简单、最常用的试验方法。当电气设备绝缘受潮,表面变脏,留有表面放电或击穿痕迹时,其绝缘电阻会显著下降。根据绝缘等级的不同,常采用的电压有 500 V、1 000 V、2 500 V、5 000 V 等。由于绝缘电阻试验所加电压较低,通常只能发现绝缘中的贯穿性导电通道、整体受潮和表面污垢等缺陷,但不能发现绝缘中的局部损伤、裂缝、分层脱开、老化、内部含有气隙等局部缺陷。

绝缘电阻试验所采用的设备为兆欧表,过去为手摇式(图 5.26),现在大多采用数字式(图 5.27)。

图 5.26　手摇式兆欧表

图 5.27　数字式兆欧表

(2)直流泄露电流试验

直流泄漏电流试验能发现一些用兆欧表测量绝缘电阻不能发现的缺陷,如未贯通两极的集中性缺陷,并能判断缺陷的性质。

测量直流泄漏电流与绝缘电阻测量的原理是相同的,都是加上直流电压,检测对象都是流过绝缘的泄漏电流;不同之处在于泄漏电流试验是直接测泄漏电流,而绝缘电阻测量时是通过测量将泄漏电流换算成绝缘电阻值指示出来。由于两种试验所加电压高低的不同以及测量仪器的不同,测直流泄漏电流较测绝缘电阻有以下优点:

①发现缺陷有效性高。这是因为测泄漏电流时所加的直流电压一般要比兆欧表电压高,并可任意调节。

②易判断缺陷性质。在泄漏试验时,记下不同电压下的泄漏电流值并画成曲线。根据曲线的形状可判断缺陷的性质。

③发现缺陷的灵敏度高。泄漏电流试验时采用灵敏度很高的微安表测量,其刻度均匀,读数精确,而指针式兆欧表刻度不均匀,尤其是在高阻区的读数误差相当大。

测量直流泄露电流所用的表计为微安表,有指针式(图 5.28)和数字式(图 5.29)两种。

(3)介质损耗角正切值测量

当绝缘材料受潮、脏污或老化变质,绝缘中有气隙放电等现象时,在电压作用下,流过绝缘的电流中有功分量增大,亦即在绝缘中的损耗增大了。但损耗的大小不仅与有功电流的大小有关,还与绝缘的体积大小有关。介质损耗角的正切值($\tan \delta$)是试品在施加电压时所消耗的

图 5.28　指针式微安表　　　　　　　　　　　图 5.29　数字式微安表

有功功率与无功功率的比值,是表征绝缘功率损耗大小的特征参数,与绝缘的体积大小无关。

　　测量介质损耗角正切值的设备以前用西林电桥(图 5.30),现在多用全自动抗干扰测试仪(图 5.31)。

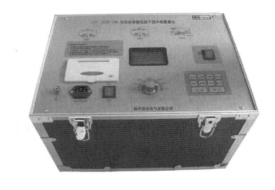

图 5.30　西林电桥　　　　　　　　　　　图 5.31　全自动介损测试仪

(4)局部放电测量

　　在电气设备的绝缘系统中,各部位的电场强度往往是不相等的。当局部区域的电场强度达到电介质的击穿场强时,该区域就会出现放电,但这种放电并没有贯穿施加电压的两导体之间,即整个绝缘系统并没有击穿,仍然保持绝缘性能,这种现象称为局部放电。发生在绝缘体内的称为内部局部放电;发生在绝缘体表面的称为表面局部放电。

　　局部放电会逐渐腐蚀、损坏绝缘材料,使放电区域不断扩大,最终导致整个绝缘体击穿。故必须把局部放电限制在一定水平之下。电气设备都把局部放电的测量列为检查产品质量的重要指标,产品不但出厂时要做局部放电试验,而且在投入运行之后还要经常测量。局部放电通常由专业设备测试,如图 5.32 所示。

图 5.32　局部放电测试仪

（5）耐压试验

绝缘耐压试验是绝缘预防性试验的一个重要项目,即对绝缘施加一个比工作电压高得多的电压进行试验。由于试验电压远高于设备正常运行时所承受的电压,所以试验时可能会对绝缘造成损坏,故又称破坏性试验。为避免设备的损坏,耐压试验要在非破坏试验之后进行,即在非破坏试验合格后方可进行。耐压试验主要包括交流耐压试验、直流耐压试验和冲击耐压试验。

交流耐压试验是考验被试品绝缘承受各种过电压能力的有效方法,特别是工频耐压试验的电压、波形、频率和在被试品绝缘内部电压的分布,均符合在工频电压下运行时的实际情况,因此能真实有效地发现绝缘缺陷。交流耐压设备通常由控制箱和试验变压器组成,如图 5.33 所示。

图 5.33　工频交流耐压试验设备

直流耐压试验相较交流耐压试验而言,有试验设备轻便、对绝缘损伤较小、可以同时测量泄漏电流以及便于发现电机端部的绝缘缺陷等优点。但是,由于交、直流下绝缘内部的电压分布不同,和交流耐压试验相比,直流耐压试验对绝缘的考验不如交流耐压那样接近设备绝缘运行的实际。直流高压一般是通过直流高压发生器产生,如图5.34所示。

冲击耐压试验是用来检验高压电气设备对雷电冲击电压和操作冲击电压的耐受能力。由于冲击耐压试验对试验设备和测试仪器要求高、投资大,测试技术也比较复杂,所以运行部门在绝缘预防性试验中通常不做此类试验,一般只在制造厂的型式试验或出厂试验中才进行此类耐压试验。对超高压设备(330 kV 及以上的设备)而言,普遍认为不能以工频耐压试验代替操作冲击耐压试验,故对超高压设备应进行操作冲击耐压试验。冲击耐压试验所需的高压一般由冲击电压发生器产生,如图5.35所示。

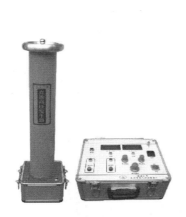

图5.34　直流高压发生器

图5.35　冲击电压发生器

(6)绝缘油气相色谱分析

绝缘油作为一种绝缘、冷却和灭弧介质,广泛应用于油浸式电力设备中。当充油电气设备内部发生局部过热、局部放电等异常现象时,发热源附近的绝缘油及固体绝缘(层压板、绝缘纸)就会发生热分解反应,产生 CO_2、CO、H_2 和 CH_4(甲烷)、C_2H_4(乙烯)、C_2H_2(乙炔)、C_2H_6(乙烷)等碳氢化合物的气体。由于这些气体大部分溶解在绝缘油中,因此从充油设备中抽出气体进行分析,就能判断有无异常发热以及异常发热的原因。气相色谱分析是近代分析气体组分及含量的有效手段,现已普遍采用。图5.36为变压器油气相色谱仪。

(7)电气设备温度测量

电气设备产生故障大部分是因设备过热引起的,主要可以分为外部热故障和内部热故

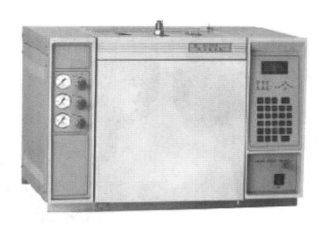

图 5.36　变压器油气相色谱仪

障。电气设备的外部热故障主要指裸露接头由于压接不良等原因,在大电流作用下,接头温度升高,接触点氧化引起接触电阻增大,恶性循环造成隐患。电气设备内部热故障的特点是故障点密封在绝缘材料或金属外壳中,发热时间较长,与故障点周围导体或绝缘材料发生热量传递,使局部温度升高或绝缘介质老化,由此引起设备火灾、绝缘击穿等重大事故。

电气设备大多工作在强电磁环境,一般电器类传感器无法使用。目前用于电气设备温度检测的传感器有两类,一类是接触式传感器,即热敏式电阻传感器,其所用材料大多为铂和铜,并已制成标准测温电阻,如图 5.37 所示;另一类是非接触式传感器,即红外感温传感器。图 5.38 为红外测温仪,图 5.39 为红外成像仪。

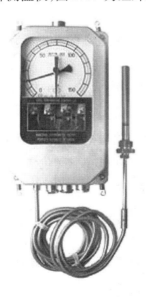

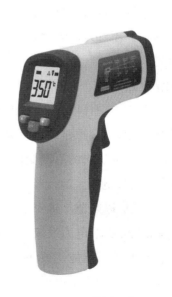

图 5.37　变压器油温度计和铂电阻测温探头　　　　图 5.38　红外测温仪

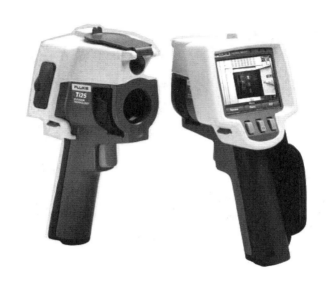

图 5.39　红外成像仪

5.1.7　雷电及防雷装置

雷电是大自然中常见的一种物理现象,是在大气中发生的强烈闪光伴着巨大隆隆爆炸声响的自然现象。雷电放电所产生的雷电流高达数十至数百千安,从而引起巨大的电磁效应、机械效应和热效应,常危及人类及动物的生命安全,引发森林和油库大火,毁坏各种建筑物和电气设备,在电力系统中导致绝缘事故等。

对电力系统来说,雷电放电可能在系统中产生很高的过电压,称为雷电过电压或大气过电压。如果对其不加以限制,将造成输配电线路和发电厂、变电站配电装置等的绝缘故障,从而引起停电事故。

依据雷电过电压产生的原因,将其分为直击雷过电压和感应雷过电压两种。直击雷过电压是由雷电直接击中杆塔、避雷线或导线等物体时,流经被击物的大电流引起的过电压会破坏电工设施绝缘,引起短路接地故障。感应雷过电压是雷闪击中电气设备附近地面,在放电过程中由于空间电磁场的急剧变化而使未直接遭受雷击的电气设备(包括二次设备、通信设备)上感应出的过电压。运行经验表明,直击雷过电压幅值可达上百万伏,对电力系统设备是有危害的,必须加以防范。感应雷过电压一般不会超过 500 kV,因此只对 35 kV 及以下的线路会造成雷害。因此,电力系统防雷的重点是直击雷防护。

防雷保护装置是指能使被保护物体避免雷击,而引雷于自身并顺利地泄入大地的装置。电力系统中最基本的防雷保护装置有:避雷针、避雷线、避雷器和防雷接地装置等。避雷针和避雷线可以防止雷电直接击中被保护物体,因此也称为直击雷防护。避雷器可以防止沿输电线侵入变电站的雷电过电压波,因此也称为侵入波防护。防雷接地装置的作用是减少避雷针

（线）或避雷器与大地（零电位）之间的电阻值，以达到降低雷电过电压幅值的目的。

直击雷防护是防止雷闪直接击在建筑物、构筑物、电气网络或电气装置上。直击雷防护技术主要是保护建筑物本身不受雷电损害，以及减弱雷击时巨大的雷电流沿着建筑物泄入大地的过程中对建筑物内部空间产生影响的防护技术，是防雷体系的第一部分。

直击雷防护技术以避雷针、避雷线、避雷网、避雷带为主，其中避雷针是最常见的直击雷防护装置。避雷针一般用于保护发电厂和变电站的，可根据不同情况或装设在配电构架上，或独立架设。避雷线主要用于保护线路，架设在线路三相导线的上方，也可用于保护发、变电站。当雷云放电接近地面时，它使地面电场发生畸变，在避雷针（线）的顶端形成局部电场强度集中的空间，以影响雷电先导放电的发展方向，引导雷电向避雷针（线）放电，再通过接地引下线和接地装置将雷电流引入大地，从而使被保护物体免遭雷击。避雷针冠以"避雷"二字，仅仅是指其能使被保护物体避免雷害，而其本身恰恰是"引雷"以便释放雷电能量。

避雷带是用圆钢或扁钢做成的长条带状体，常装设在建筑物易受直接雷击的部位，如屋脊、屋檐（有坡面屋顶）、屋顶边缘及女儿墙或平屋面上。避雷带应保持与大地良好的电气连接，当雷云的下行先导向建筑物上的这些易受雷击部位发展时，避雷带率先接闪，承受直接雷击，将强大雷电流引入大地，从而使建筑物得到保护。这是一种对建筑物上易受雷击部位进行重点保护的措施，目前已广泛应用于普通民用建筑物和古建筑物的防雷保护。避雷网实际上相当于纵横交错的避雷带叠加在一起，在建筑物上设置避雷网可以实施对建筑物的全面防雷保护。

（1）避雷针

避雷针外形如图 5.40 所示，包括三个部分：接闪器（避雷针的针头）、引下线和接地体。接闪器可用直径为 10 ~ 12 mm 的圆钢，引下线可用直径为 6 mm 的圆钢，接地体一般可用多根 2.5 m 长的 40 mm × 40 mm × 40 mm 的角钢打入地中再并联后与引下线可靠连接。

避雷针（线）的保护原理是：当雷电先导放电接近地面时，在避雷针（线）的顶端形成局部强电场空间，以影响先导放电的发展方向，引导先导放电向避雷针（线）的顶端发展。虽然避雷针（线）的高度高于被保护物体（一般为 20 ~ 30 m），但在雷云—大地这个高达几千米、方圆几十千米的大电场内的影响却是很有限的。所以在雷电放电的开始阶段，先导是随机地向任意方向发展，不受地面物体的影响。只有当先导放电向地面发展到距地面某一高度 H 以后，它才会在一定范围内受到避雷针（线）的影响，从而向避雷针（线）放电。这个高度 H 称为定向高度，它与避雷针的高度 h 有关。根据模拟试验的结果，当 $h \leqslant 30$ m 时，$H \approx 20 h$；当 $h > 30$ m 时，$H \approx 600$ m。

避雷针（线）的保护范围是指被保护物在此空间范围内不致遭受雷击，此范围是由模拟试验确定的。保护范围只具有相对的意义，不能认为在保护范围内的物体就完全不受雷直击，在保护范围外的物体就完全不受保护。因此,为保护范围规定了一个绕击率。所谓绕击,系指雷电绕过避雷装置而击于被保护物体的现象。我国标准 DL/T 620—1997 中使用的避雷针(线)保护范围的计算方法,是根据雷电冲击小电流下的模拟试验研究确定的,并以多年运行经验做了校验,绕击率按 0.1% 确定。实践证明,此雷击概率是可以接受的。

单支避雷针的保护范围如图 5.41 所示,它是一个折线圆锥体。

图 5.40　避雷针　　　　　　　图 5.41　单支避雷针的保护范围

设避雷针的高度为 $h(\mathrm{m})$,被保护物体的高度为 $h_x(\mathrm{m})$,在 h_x 高度上避雷针保护范围的半径 r_x 由下述公式决定:

当 $h_x \geqslant \dfrac{h}{2}$ 时

$$r_x = (h - h_x)p = h_a P \tag{5.3}$$

当 $h_x < \dfrac{h}{2}$ 时

$$r_x = (1.5h - 2h_x)P \tag{5.4}$$

式中　P—高度影响系数,$h < 30\ \mathrm{m}$,$P = 1$;$30\ \mathrm{m} < h < 120\ \mathrm{m}$,$P = \dfrac{5.5}{\sqrt{h}}$;当 $h > 120\ \mathrm{m}$ 时,按 120 m 计算。

(2)避雷线

避雷线是由悬挂在空中的水平接地导线(接闪器)、接地引下线和接地体(接地电极)组成,如图 5.42 所示。避雷线(架空地线)的保护原理与避雷针基本相同,但因其对雷云与大地间电场畸变的影响比避雷针小,所以其引雷作用和保护宽度比避雷针要小,但其保护范围的长度与线路等长,而且两端还有其保护的半个圆锥体空间。

避雷线一般采用镀锌钢绞线。镀锌钢绞线是采用镀锌高碳钢丝同心绞合而成,具有一定的防腐蚀能力,机械强度较高。其型号的表示方法为"GJ-数字",GJ 表示钢绞线,数字表示其标称截面(mm^2)。线路上常用的镀锌钢绞线有 GJ-35、GJ-50、GJ-100、GJ-120 等,在超高压或大跨越线路,也有用 GJ-135、GJ-500 型号的。

图 5.42　避雷线

（3）避雷器

避雷针和避雷线虽然可以防止雷电对电气设备的直击,但被保护的电气设备仍然有被雷击过电压损坏的可能。当雷击线路和雷击线路附近地面时,将在输电线路上产生过电压,这种过电压以波的形式沿线路传入发电厂和变电站,危及电气设备的绝缘。为了限制入侵波过电压的幅值,基本的过电压保护装置就是避雷器。

避雷器实质上是一种限压器,并联在被保护设备附近。当线路上传来的过电压超过避雷器的放电电压时,避雷器先行放电,把过电压波的能量以大电流的形式引入大地,限制了过电压的发展,从而保护了其他电气设备免遭过电压的损害而发生绝缘损坏。

按其发展历史和保护性能的改进过程,避雷器可分为保护间隙、管型避雷器、阀式避雷器、金属氧化物避雷器等。目前,电力系统普遍采用金属氧化物避雷器。

氧化锌避雷器采用的核心部件是氧化锌阀片。氧化锌压敏电阻阀片以氧化锌(ZnO)为主要材料,并掺以微量的氧化铋、氧化钴、氧化锰、氧化锑、氧化镓等添加物,经过成型、烧结、表面处理等工艺过程而制成,所以又称为金属氧化物电阻片,以此制成的避雷器称为金属氧化物避雷器(MOA)。图 5.43 为复合绝缘外套的氧化锌避雷器。

氧化锌压敏电阻在实际应用中最为重要的性能指标是其电压与电流之间的非线性关系,即伏安特性。典型氧化锌阀片的伏安特性如图 5.44 所示,该特性可大致划分为三个工作区,即小电流区、工作电流区和饱和电流区。在小电流区,阀片电阻呈高阻状态(兆欧级以上),通过阀片的电流很小,在系统电压正常时,氧化锌避雷器中的压敏电阻阀片就工作于此区。当系统中出现过电压时,氧化锌阀片的电阻急剧下降至低阻(几十欧姆)状态,此时在工作电流区,阀片中流过的电流较大,特性曲线平坦,动态电阻很小,过电压的能量以大电流的形式通过接地装置泄入大地,从而维持系统电压在一个可接受的范围之内。当过电压作用结束后,氧化锌阀片的电阻又恢复为高阻状态,继续保持系统对地绝缘。一旦过电压能量过大,超出避雷器的释放能力,氧化锌阀片就将进入饱和电流区,阀片中流过的电流很大,特性曲线迅速上翘,电阻显著增大,限压功能恶化,阀片出现电流过载,在极端情况下会发生爆炸损坏的现象,所以在配置避雷器时,应避免让氧化锌阀片进入饱和电流区。

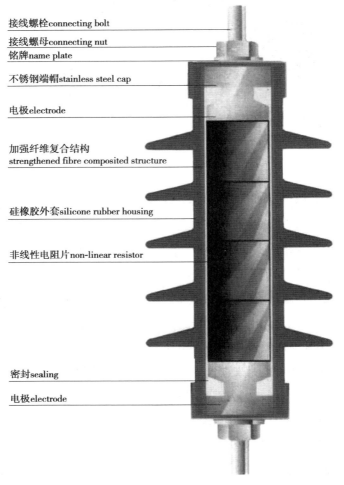

接线螺栓connecting bolt
接线螺母connecting nut
铭牌name plate
不锈钢端帽stainless steel cap
电极electrode
加强纤维复合结构
strengthened fibre composited structure
硅橡胶外套silicone rubber housing
非线性电阻片non-linear resistor
密封sealing
电极electrode

图 5.43　复合绝缘外套的氧化锌避雷器

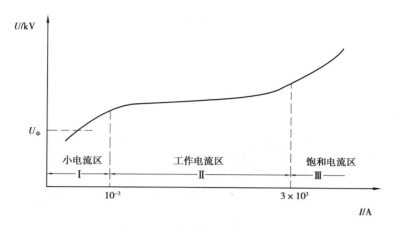

图 5.44　氧化锌避雷器的伏安特性

（4）接地装置

防雷与接地是一个统一的整体。各种防雷保护装置（避雷针、避雷线、避雷器）都必须配以合适的接地装置，将雷电泄入大地。没有良好的接地装置，各种防雷措施就不能发挥令人满意的保护作用，接地装置的性能将直接决定着防雷保护措施的实际效果。

为了使运行中的电气设备对地保持一个较低的电位差，把地面上的设备或电气回路中的某一节点通过在大地表面土层中埋设金属电极，形成电气上的连接，称为接地。埋入地中并直接与大地接触的金属导体，称为接地极（体）。兼作接地极用的直接与大地接触的各种金属构件、金属井管、钢筋混凝土建（构）筑物的基础、金属管道和设备等，称为自然接地极。电气装置、设施的接地端子与接地极连接用的金属导电部分称为接地线。接地线和接地极的总和称为接地装置。

电力系统的接地按其功用可分四类：

1）工作接地

为了满足电力系统运行需要，将电网某一点接地，其目的是为了稳定对地电位与继电保护上的需要。

2）保护接地

为了保护人身安全，防止因电气设备绝缘劣化，外壳可能带电而危及工作人员安全，而将某些电气设备的金属外壳接地。它是在故障条件下才发挥作用的。

3）防雷接地

防雷接地用来将雷电流顺利泄入地下，以减小它所引起的过电压。它的性质似乎介于前面两种接地之间，它是防雷保护装置不可缺少的组成部分。

4）防静电接地

为防止静电对易燃油、天然气储罐和管道等的危险作用而设的接地。

埋入土壤中或混凝土基础中作散流用的导体称为接地极。工程上常用有垂直接地体、水平接地体以及它们的组合。人工垂直接地体(图 5.45)宜采用角钢、钢管或圆钢,人工垂直接地体的长度宜为 2.5 m。埋于土壤中的人工水平接地体(图 5.46)宜采用扁钢或圆钢,圆钢直径不应小于 10 mm;扁钢截面不应小于 100 mm^2,其厚度不应小于 4 mm;角钢厚度不应小于 4 mm;钢管壁厚不应小于 3.5 mm。接地线应与水平接地体的截面相同。

图 5.45　人工垂直接地体

图 5.46　人工水平接地体

人工接地体在土壤中的埋设深度不应小于 0.5 m。人工垂直接地体的长度宜为 2.5 m，人工垂直接地体间的距离及人工水平接地体间的距离宜为 5 m。接地装置根据敷设地点不同，又分为输电线路接地和发电厂、变电站接地。

5.1.8　电力系统过电压

在电力系统中，过电压是指超过正常运行电压并可导致电力系统绝缘或保护设备损坏的电压升高。除了雷电过电压以外，还经常出现另一类过电压——内部过电压。内部过电压（简称内过电压）是由于断路器操作、故障或其他原因，使系统参数发生变化，引起系统内部电磁能量的振荡转化或传递从而造成的电压升高。按其产生原因分为操作过电压和暂时过电压，而后者又包括谐振过电压和工频电压升高。它们也可以按持续时间的长短来区分，一般操作过电压的持续时间在 0.1 s 以内，而暂时过电压的持续时间要长很多。

因操作引起的暂态电压升高，称为操作过电压。所谓"操作"，包括断路器的正常操作，例如分、合闸空载线路或空载变压器、电抗器等；也包括各类故障，例如接地故障、断线故障等。由于操作，使系统的运行状态发生突然变化，导致系统内部电感元件和电容元件之间电磁能量互相转换的过渡过程。操作过电压具有幅值高、存在高频振荡、强阻尼以及持续时间短等特点。

电力系统中在正常或故障时还可能出现幅值超过最大工作相电压、频率为工频或接近工频的电压升高。这种电压升高统称为工频电压升高，或称为工频过电压。工频电压升高的幅值不大，但持续的时间较长。工频电压的升高常伴随操作过电压，其大小直接影响操作过电压的幅值。工频过电压一般不应超过最高运行相电压的 1.3 倍（线路断路器的变电站侧）或 1.4 倍（线路断路器的线路侧）。

因系统中电感、电容参数配合不当，在系统进行操作或发生故障时出现的各种持续时间很长的谐振现象及其电压升高，称为谐振过电压。谐振过电压不仅会在进行操作或发生故障的过程中产生，而且可能在该过渡过程结束后的较长时间内稳定存在，直到发生新的操作，谐振条件受到破坏为止。谐振过电压的危害性既取决于其幅值，也取决于它的持续时间。在设计电力系统时，应考虑各种可能的接线方式和操作方式，力求避免形成不利的谐振回路。

内部过电压的能量来自电网本身，其大小由系统参数决定。通常以系统的最高运行相电压 $U_m/\sqrt{3}$（U_m 为系统最高运行线电压）为基准来计算过电压幅值的倍数 K。若用标么值表示：

工频过电压基准值定义为最高运行的相电压有效值（$1.0 \ \text{p.u.} = U_m/\sqrt{3}$）；

操作过电压基准值定义为最高运行的相电压峰值（$1.0 \ \text{p.u.} = \sqrt{2}U_m/\sqrt{3}$）。

过电压倍数与电网结构、系统容量及参数、中性点接地方式、断路器性能、母线的出线回路数、电网运行接线和操作方式等因素有关,它具有统计性质。通常在中性点直接接地的电网中,如果不采取限压措施,操作过电压的最大幅值可达最高运行相电压幅值的 3 倍以上;在中性点非直接接地的电网中,最大操作过电压可达最高运行相电压幅值的 4 倍以上;谐振过电压的幅值则在 2 倍以上。

5.2　高电压与绝缘技术的应用现状

高电压与绝缘技术是伴随着电力系统发展而发展起来的一门实践性很强的学科,它在电力系统的设计、运行和设备制造中发挥着举足轻重的作用。随着我国经济持续快速增长,经济总量已位于世界前列,对电力的需求也日益增加。而我国原有的交、直流 500 kV 系统由于受到输送容量的限制,已不能满足电力交换和需求的增长。目前,国家电网公司正大力推进特高压电网建设,计划以交流 1 000 kV 线路和直流 ±1 100 kV 线路作为我国电网未来的骨干网架。在特高压电网建设过程中,如何减轻特高压电晕的影响? 如何进行特高压系统的绝缘设计? 如何降低特高压对周围环境的电磁影响? 这些都是高电压与绝缘技术要考虑和解决的问题。

高电压与绝缘技术除了在电力系统广泛应用之外,在其他领域也已得到利用,并有很好的发展前景。

在环保领域,利用电晕放电技术开发的静电除尘装置已广泛应用于大型火力发电厂,其除尘效率高达 99% 以上,成为与汽轮机、发电机、锅炉并列的四大主要设备。在污水处理、空气净化等方面,各种利用电晕和静电现场制成的设备也得到广泛使用。

液体电介质在高电压、大电流放电时伴随产生的力、声、光、热等效应称为液电效应。利用液电效应制成的肾结石体外碎石机,铸件清砂装置等已在国内外得到广泛应用,在石油开采、水下大型桥桩的探伤等方面也已得到应用。

许多高技术领域、尖端武器领域,如可控热核聚变、激光技术、电子及离子加速器、电磁轨道炮等课题对脉冲功率的要求都越来越高。目前,脉冲功率技术正向着高电压、大电流、窄脉冲、高重复率的方向发展。

5.2.1　特高压电网

随着我国经济和能源供应发生巨大变化以及我国电力工业的迅速发展,电网的建设和发展面临一系列新的挑战和问题,走集约化道路、进一步发展大电网已成为必然的选择。

我国电网存在的问题：

①我国过去长时期处于电力短缺状态,多年来致力于增加电源建设以满足电力供给需求。因此,形成了电网作为电源配套工程的局面,电网被动地跟随着电源和负荷的发展而发展,未能通过电网的发展主动地引导电源的建设,结果导致我国南北向跨大区大容量输电网络规模过小,输电能力不足。

②现有 500 kV 电网输送能力不能满足大范围电力资源优化配置和电力市场的要求。输电走廊限制了输电线路的架设,沿海经济发达地区线路走廊尤其紧张,规划中拟建设的火电基地规模巨大。要将其电力输送往用电负荷中心,如果全部采用 500 kV 及以下电压等级的输电线路,则输电线路回数将过多,线路走廊紧张的矛盾难以解决。

③电力负荷密集地区电网短路电流控制困难。例如华东、华北电网已经出现有一部分 500 kV 母线的短路电流水平将超过断路器最大遮断电流能力。

④长链型电网结构动态稳定问题突出。在东北、华北、华中电网 500 kV 交流联网结构比较薄弱的情况下,存在低频振荡问题。

⑤受端电网存在多直流集中落点和电压稳定问题。如果"西电东送"华东电网全部采用直流输电方式,落点华东电网的直流换流站将超过 10 个,受端电网在严重短路故障的情况下,电力系统因电压低落发生连锁反应的风险较大。

从我国能源流通量大、距离远的实际情况看,应建立强大的特高压交流输电网络。一方面,它可以减轻运力不足的压力;另一方面,和超高压输电相比,它又可以大大地减少输电损耗,因此,它能减少能源运输燃料费用,降低能源输送的成本。在运输燃料价格急剧上升的趋势下,特高压交流输电网络的这一优势至关重要。此外,通过建立强大的特高压电网,500 kV 电网短路电流过大、长链型交流电网结构动态稳定性较差、受端电网直流集中落点过多等诸多问题均可得到较好的解决。

从电网规划方案安全稳定性和经济性计算结果看,对于输电距离为 1 500 km 之内的大容量输电工程,如果在输电线路中间落点可获得电压支撑,则交流特高压输电网的安全稳定性和经济性较好,而且具有网络功能强、对将来能源流变化适应性灵活的优点。除了位于边远地区的大型能源基地,输电线路中间难以落点,因此难以获得电压支撑的情况外,一般情况应首先考虑通过特高压交流输电实现电能的跨区域、远距离、大容量输送。对于具体的大容量、远距离的输电工程,应从可靠性、经济性等方面对特高压交流和特高压直流输电方案进行技术经济论证比较,选择输电成本较低的方案。

综上所述,为了同时满足电能大容量、远距离、低损耗、低成本输送的基本要求,适应未来能源流的变化,具备电网运行调度的灵活性和电网结构的可扩展性,我国未来宜建设以特高压交流电网为骨干网架,特高压、超高压、高压电网分层、分区,网架结构清晰的、强大的国家电网。

在特高压电网建设过程中,高电压与绝缘技术是首先考虑并付诸应用的技术。

(1)特高压输电线路绝缘子选择

综合考虑国内外特高压输电线路工程经验,我国1 000 kV特高压输电线路杆塔中相采用V串(图5.47),边相采用I串(图5.48)是比较适宜的。而对同塔双回的情况,若采用V串,杆塔横担较长,投资较高。参考日本的设计,我国1 000 kV输电线路同塔双回情况也宜采用I串。根据我国西北地区750 kV输电工程绝缘子选型研究,三伞型瓷绝缘子的耐污闪性能最好,双伞型瓷绝缘子的耐污闪性能次之。研究还表明,双伞型和三伞型绝缘子在高海拔地区也有较好的耐污闪性能。双伞型绝缘子在我国已大量使用,并积累了丰富的运行经验。此种形状的绝缘子自清洗效果好,积污少,运行效果明显好于钟罩型绝缘子。而三层伞型绝缘子的伞型和双层伞伞型相似,都属于流线形结构,特别是下表面的形状基本一致。因此对于1 000 kV绝缘子,也应首选双层伞型和三层伞型绝缘子。

图5.47 V形绝缘子串　　　　　　　图5.48 I形绝缘子串

考虑到目前1 000 kV级输电线路可能采用$8 \times 500 \text{ mm}^2$、$8 \times 630 \text{ mm}^2$、$8 \times 800 \text{ mm}^2$的分裂导线的设计,以及国外特高压线路运行经验,结合我国主要电瓷绝缘子生产厂家的生产能力和水平,采用额定机械破坏负荷300 kN和400 kN的瓷绝缘子是适当的。

但是,在污秽较重地区,按照国内外的运行经验,应充分利用以硅橡胶材料为伞裙护套的复合绝缘子较高的耐污闪能力。在较重污秽地区,复合绝缘子的爬电距离可取瓷绝缘子的3/4甚至还小,就可达到相应瓷绝缘子的耐污闪能力。在重污秽地区和高海拔地区,采用复合绝缘子是一种必要且合理的选择。国外特高压线路上,也都采用了复合绝缘子。综上所述,对于1 000 kV特高压输电线路绝缘子,在轻污秽地区和污染不太重的地区,可采用300 kN和400 kN的双层伞型和三层伞型瓷绝缘子;而在重污秽地区,宜采用复合绝缘子。

(2)特高压输电线路防范电晕措施

输电线路工作时,导线(电极)附近存在电场。由于宇宙射线和其他作用在空气中存在大量自由电子,这些电子在电场作用下会受到加速,撞击气体原子。自由电子的加速程度随着电场强度的增大而增大,自由电子在撞击气体原子前所积累的能量也随之增大。如果电场强度达到气体电离的临界值,自由电子在撞击前积累的能量足以从气体原子撞出电子,并产生新的离子。此时在导线附近一小范围内的空气开始电离,如果导线附近电场强度足够大,以致气体电离加剧,将形成大量电子崩,产生大量的电子和正负离子。在导线表面附近,电场强度较大,随着离导线距离增加,电场强度逐步减弱。因此,输电线路电场强度引起的电离区不可能扩展到很大,只能局限在导线附近很小的区域。电子与空气中的氮、氧等气体原子的碰撞大多数为弹性碰撞,电子在碰撞中仅损失动能的一部分。当一个电子以足够猛烈的程度撞击一个原子时,使原子受到激发,转变到较高的能量状态,会改变一个或多个电子所处的轨道状态,同时起撞击作用的电子损失掉部分动能。尔后,受激发的原子可能变回到正常状态,在这一过程中会释放能量。电子也可能与正离子碰撞,使正离子转变为中性原子,这种过程称为放射复合,也会放出多余的能量。伴随着电离存在复合等过程,辐射出大量光子,在黑暗中可以看到在导线附近空间有蓝色的晕光,同时还伴有嘶嘶声,这就是电晕。

　　输电线路电晕的主要效应包括无线电干扰、可听噪声和电晕损失,这些效应的程度主要取决于两方面的因素:①线路结构;②气候条件。体现线路结构的因素主要有:导线结构,包括分裂数和子导线直径;相导线间距(交流)和极导线间距(直流);导线对地高度。影响导线电晕放电的最主要因素是导线表面场强。

图 5.49　交流 1 000 kV 八分裂导线

由于特高压输电线路的电压比超高压的高,导线电荷量比超高压的大。为了使特高压输电线路的表面场强与超高压线路的相当,以限制电晕放电,需要导线的分裂数更多,子导线的截面更大。因此,我国特高压交流输电线路的导线为八分裂(图5.49),而500 kV超高压线路仅为四分裂。

5.2.2　静电除尘

火电厂在生产电能过程中,其烟尘排放是造成大气污染的一个重要因素。随着我国社会、经济的不断发展和人民生活水平的不断提高,国家对烟尘的排放标准也将越来越严格。因此,这些含尘烟气都需要经过高效的除尘器处理后才能够排放。利用高电压的电晕现象使得粉尘粒子荷电,再利用电荷的异性相吸性质即可做到静电除尘的作用,从而解决工业上的一大难题,为保护环境起到了很好的作用。

静电除尘装置的工作原理是:含有粉尘颗粒的气体在接有高压直流电源的阴极线(又称电晕极)和接地的阳极板之间所形成的高压电场通过时,由于阴极发生电晕放电、气体被电离。此时,带负电的气体离子在电场力的作用下向阳极板运动,在运动中与粉尘颗粒相碰,则使尘粒荷以负电。荷电后的尘粒在电场力的作用下,亦向阳极运动,到达阳极后,放出所带的电子,尘粒则沉积于阳极板上,而得到净化的气体则排出除尘器外。阳极板上的粉尘达到一定的厚度时,一般采用机械振打(包括自动装置振打)的方式将粉尘通过灰斗排出。

静电除尘装置外观如图5.50所示。其工作原理如图5.51所示。

图5.50　静电除尘装置

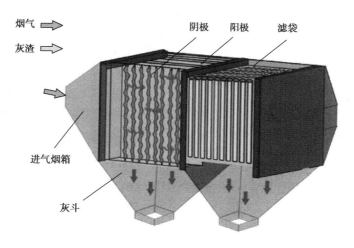

图 5.51 静电除尘工作原理

5.3 高电压与绝缘技术的应用现状发展新方向

随着我国特高压电网和智能电网建设的不断推进,对高电压与绝缘技术提出了很多新的课题和任务。材料科学、计算机科学和网络技术等方面取得的新进展为高电压与绝缘技术开辟了许多新的应用方向。

5.3.1 新型绝缘材料

(1)环保型绝缘材料

自从聚乙烯、聚氯乙烯和聚丙烯等石油化工合成聚合物应用于电力电缆以来,不仅通过了实验室的各种严酷试验,而且经历了实际应用考验。由于其良好的电气、机械性能,目前各类聚合物绝缘材料被广泛应用于电气电子设备。然而这些由石化产品合成的聚合物绝缘材料因废弃后无法自然降解,造成了环境的严重污染。

当前废弃电气电子设备的处理以掩埋和焚烧为主。掩埋法占用大量土地,无法溶解的废弃物造成土壤劣化,形成持久性有机污染,一旦进入生物循环,危害人类健康。而焚烧法产生的诸如 HCl、CO、SO_2 等有害气体造成环境二次污染,进一步恶化人类生存环境。因此,要解决由石化产品合成的聚合物绝缘材料引起的环境污染问题,必须从源头做起,即开发环境友好型绝缘材料。最近,有人提出采用生物可降解材料作为绝缘材料的设想,希望通过对此类材料相关性能的研究,能够在电气绝缘领域代替现在使用的石化合成绝缘材料。

生物可降解材料也称为"绿色生态材料",是指在一定条件下,在微生物分泌酶作用下能够完全分解的材料。生物降解取决于分子的大小和结构、微生物的种类以及环境因素。生物可降解材料的降解机理是十分复杂的生物物理、生物化学过程。理想的生物可降解材料应该具有优良的使用性能，废弃后可被微生物完全分解，最终成为 CO 和 H_2O 等小分子物质，从而成为碳素循环的一部分。

在众多的生物可降解聚合物中，聚乳酸（PLA）是一种典型的可降解材料，透明度、强度、硬度、耐热性和空间稳定性都优于其他可降解聚合物，已被应用于食品、医学等许多领域。在通常使用和储存条件下，PLA 是绝对稳定和安全的，具有比其他生物可降解材料更强的抑菌性和抗真菌性。PLA 可以利用植物中的葡萄糖合成，原料成本低，使用后便于回收利用，可用于重新生产，且该材料的分解不会对环境造成任何不利的影响。

研究发现：室温下 PLA 的电气性能与交联聚乙烯（XLPE）相当，优于聚氯乙烯（PVC）和绝缘油纸。在室温下，PLA 的直流破坏场强为 620 MV/m，为低密度聚乙烯的 1.4 倍，60 ℃破坏场强上升到 690 MV/m，当温度高于 60 ℃时破坏场强随温度的升高而减小，表明在高温下 PLA 绝缘性能较差。综合 PLA 的降解性能、降解过程、电气性能及其他性能可知，PLA 在常规环境下非常稳定，电气性能与石化聚合物绝缘材料相似。日本原子力研究所和住友电工公司已经联合开发出耐热性比聚乙烯高得多的聚乳酸绝缘材料。日本 NEC 公司将聚乳酸掺混 20% 洋麻植物纤维，其耐热性提高了 1.8 倍，强度提高了 1.7 倍，起始变形温度由 67 ℃上升到 120 ℃。PLA 作为绝缘材料具有很大的开发潜力，值得进行相关研究与开发。

（2）纳米改性绝缘材料

纳米技术，是研究结构尺寸在 1 ~ 100 nm 范围内材料的性质和应用的一种技术。1981 年扫描隧道显微镜发明后，诞生了一门以 0.1 ~ 100 nm 长度为研究分子世界，它的最终目标是直接以原子或分子来构造具有特定功能的产品。

利用无机纳米粒子改性有机聚合物，已成为电气绝缘领域的一个非常重要的方向。纳米添加物自身具有大的比表面积、大的表面能、量子尺寸效应，赋于复合物优异性能，特别是在力学性能、导热性能、介电性能、磁学性能等方面。添加极少量的纳米添加物将引起复合材料某些介电性能的显著改善，同时又不影响或者较小地影响介质的其他性能。

在高耐热性能的绝缘材料中均匀分散一些纳米无机物，如 TiO_2、Al_2O_3 和 ZnO，制作纳米绝缘材料应用在交流变频电机中，不但大幅度提高了绝缘材料的抗高频脉冲尖峰电压和耐电晕等性能，还提高了电机的使用寿命。有研究者利用原位聚合法制备了纳米绝缘漆，与聚酯亚胺底漆和聚酰胺酰亚胺面漆配合，涂制成三层结构的复合绝缘材料。试验结果表明，这种复合绝缘材料具有高绝缘性能、柔韧性好、耐电晕性能高等特点，应用在交流变频电机中，可使高压脉冲下的局部放电、介质发热和空间电荷积聚等得到明显缓解，大大提高了交流变频电机的绝缘寿命。

聚合物基纳米复合材料与常规的无机填料/聚合物复合体系相比,不是有机相与无机相的简单混合,而是两相在纳米尺寸范围内复合而成。由于分散相与连续相之间界面面积非常大,界面间具有很强的相互作用,具有一些特有的效应(如小尺寸效应、表面效应等),其宏观理化性能明显优于常规材料。纳米复合材料除了具有普通复合材料的特点外,还具有如下优势:

①显著的协同效应,可综合发挥各组分的协同效能,这是其中任何一种材料都不具备的;

②性能可设计性强,可针对纳米复合材料的性能需求进行设计和制造。

以特高压电网中核心设备主要是环氧树脂基材料为例。根据固体电介质的碰撞理论,在强电场作用下,固体中的电子会在运动时与晶格发生碰撞,电子的动能不断增大进而因碰撞电离出更多的自由电子,导致电子定向移动加剧,电阻率下降。纳米颗粒具有库仑阻塞效应,能够限制电荷在环氧树脂中的传输。同时,纳米颗粒独有的界面作用会分散自由电子流,增大电荷迁移的途径,电荷的耗散促使环氧树脂电导率下降,电阻率相应得到改善。此外,纳米颗粒会通过范德华力吸附环氧树脂分子链,增加环氧树脂网络的物理交联点,限制环氧树脂分子链的运动,自由体积减小使极性基团活动取向困难,导致极化程度降低,因而杂质解离产生的载流子活动受阻,导致离子迁移率下降,降低环氧树脂中残留杂质的影响。

5.3.2　绝缘在线监测技术

过去,我国电力部门对电气设备检修实行的是预防性检修制度,即根据国家标准的规定,针对不同的设备,在经过一定的运行时间后,对设备实施全面或部分停电,进行绝缘预防性试验。这种定期检修对保证电气设备的正常运行起了较好的作用。但是,预防性试验都是在停电条件下进行的,许多试验中测量的数据没有考虑设备绝缘的运行条件、气象条件等因素,在运行电压很高但常规预防性试验又较低的情况下,可能出现预防性试验合格而在运行中发生事故的现象。很多设备原本没有问题,但根据制度规定必须停电检修,这就造成了巨大的人、财、物的浪费。

随着我国智能电网建设的逐步推进,很多新建变电站均为无人值守变电站,其设备状态要求实时传送到监控中心,便于计算机或值班人员进行分析判断。同时为了解决预防性试验所带来的不利问题,整个电力系统现在都提倡进行状态检修。这就要求在设备运行过程中,采取技术措施来检测电气设备的运行状态,以便作出设备是否需要维修的结论,即实行设备的在线监测。在线监测可以及时了解设备的状态,以实现设备维护的合理化。这对于合理使用设备,保证电力系统安全及经济运行,将起到极大作用。

(1)绝缘在线监测的基本框架

电力设备种类繁多,主要包括变压器、各种类型的开关设备、避雷器、绝缘套管、电流互感器、电压互感器及发电机等。由于每种设备的结构特征、性能参数以及运行工况各不一样,而且同一设备的不同元件亦不一样,如变压器就包括套管、绝缘油、铁芯等。因此,要实现设备的绝缘在线监测,必须针对不同的设备、不同的要求,采取不同的方法。如图5.52所示为电力设备绝缘在线监测的基本框架。

图5.52 电力设备绝缘在线监测的基本框架

对绝缘的监测和诊断技术包括3个基本环节:

①正确选用各种传感器及测量手段,检测被测对象的种种特性,采集各种特性参数;

②对原始的杂乱信息加以分析处理,去除干扰,提取反映被测对象运行状态中最敏感、最有效的特征参数;

③根据提取的特征参数和对绝缘老化过程的知识和运行经验,参照有关规程对绝缘运行状态进行识别、判断,即完成诊断过程。

同时,对绝缘性能的发展趋势进行预测,从而对故障的发生情况作出判断,并为下一步的维修决策提供技术根据。一套好的绝缘监测系统,必须解决两个关键问题:一是如何选择信号的采集方式,即如何选择传感器,传感器的性能如何;二是如何通过信号数据来判断绝缘缺陷。由于绝缘信号一般都是比较微弱的,而现场的干扰又较强,因此,如何真实地监测到待测信号,即如何选择传感器和抗干扰措施是绝缘监测成败的关键。而如何通过监测到的各种信号数据来判断绝缘的劣化程度,需要大量的试验及长期的运行经验来确定判断方法,这是绝缘在线监测成败的另一个关键。

(2)变压器绝缘在线监测技术

变压器是电力系统中最重要和最昂贵的电力设备之一,随着电网电压等级的提高和输送容量的增加,变压器故障将对电网的安全稳定运行产生严重的影响。

变压器在线监测技术主要是根据变压器的各种机械和电气特性,采用油中溶解气体分析、局部放电、铁芯接地电流在线分析、绕组变形在线分析和振动分析等方法监测其运行状态。

1)变压器油中气体分析

对变压器油中气体的检测分析是对变压器运行状态进行判断的重要监测手段。变压器在运行中由于种种原因产生的内部故障,如局部过热、放电、绝缘纸老化等都会导致绝缘劣化并产生一定量的气体溶解于油中。不同的故障引起油分解所产生的气体组分也不尽相同(表5.3),可通过分析油中气体组分的含量来判断变压器的内部故障或潜伏性故障。对变压器油中溶解气体采用在线监测方法,能准确地反映变压器的主要状况,使管理人员能随时掌握各站主变的运行状态,以便及时作出决策,预防事故的发生。变压器油中溶解气体在线监测的关键技术包括油气分离技术、混合气体检测技术。

表 5.3　不同故障类型产生的油中溶解气体

故障类型	主要气体组分	次要气体组分
油过热	CH_4、C_2H_4	H_2、C_2H_6
油和纸过热	CH_4、C_2H_4、CO、CO_2	H_2、C_2H_6
油纸绝缘中局部放电	H_2、CH_4、C_2H_2、CO	C_2H_4、CO_2
油中火花放电	C_2H_2、H_2	—
油中电弧	H_2、C_2H_2	CH_4、C_2H_4、C_2H_6
油和纸中电弧	H_2、C_2H_2、CO、CO_2	CH_4、C_2H_4、C_2H_6
进水受潮或油中气泡	H_2	—

在线油气分离的方法目前主要有薄膜/毛细管透气法、真空脱气法、动态顶空脱气法及血液透析装置等方法。

依据监测气体组分分类,变压器油中溶解气体在线监测装置目前可分为四类:单组分气体(H_2)、总可燃气体、多组分气体及全组分气体。

目前,单组分气体检测主要采用气敏传感器,利用靶栅场效应管对氢气具有良好的选择敏感特性,用于制作单氢检测器;某些燃料电池型传感器对 H_2、CO、C_2H_2 和 C_2H_4 的选择敏感性是100%、18%、8%和1.5%,可用于变压器的早期故障监测和判断。

总可燃气体检测采用催化燃烧型传感器,该传感器对可燃气体选择具有敏感性,但溶解气体中包含 CO,影响了对烃类气体含量的监视。烃类气体在线监测则是将单氢离子火焰检测器的气相色谱仪应用到在线监测中,需要很多的辅助设备,可靠性较差,维护量较大,难以推广。

全组分在线监测技术由于其提供的信息量较充分,与实验室 DGA(油中溶解气体含量)完全相同,对全面分析变压器的绝缘状况较有利。目前,全组分气体分析检测技术主要有热导检测器、半导体气敏传感器、红外光谱技术和光谱声谱技术。

2)变压器局部放电在线监测技术

在线监测变压器局部放电就是对运行中的电力变压器进行局部放电监测,在线分析处理相关数据,以期对变压器进行绝缘诊断,必要时提供报警。

局部放电在线监测技术,是根据超声波原理将高频声波传感器放在油箱外部,测取局部放电或电弧放电所产生的暂态声波信号。

局部放电在线监测采用高性能传感器,例如坡莫合金或铁氧体磁芯的电流电压转换型传感器,因为这种传感器可将传感信号与变压器一次侧有效隔离。

根据国内外运行经验,变压器若出现几千 pC 的局部放电量,仍然可以继续运行。但如果局部放电量达到 10 000 pC 以上时,则表明变压器绝缘的缺陷已经十分严重。从变压器内部出现局部放电到绝缘击穿,有一个演变过程。通过对局部放电监测的阈值报警和视在放电量历史数据的发展趋势的分析,可以判断变压器内部的绝缘状况。阈值报警就是当高频信号的幅值和每周期脉冲个数达到设定的阈值,以及脉冲波形达脉冲宽度和频度时,由局部放电监测装置自动发出的阈值报警信号。

根据变压器局部放电过程中产生的电脉冲、电磁辐射、超声波、光等现象,相应出现了超声波检测法、光测法、电脉冲检测法、射频检测法和 UHF 超高频检测法。

变压器的在线监测可以提早发现设备内部可能存在的缺陷或性能劣化,为检修提供判断,提高供电可靠性和经济性。因此,变压器的在线监测具有十分广阔的发展前景。

其发展方向主要有:

①由对单台的设备进行监测向整个系统的在线监测延伸,并根据系统设备的运行情况,由专家系统判定最优化的运行计划。

②实现设备的远程监测。

③状态监测系统和其他系统联网,增强系统的安全性和可操作性。

思考题

5.1 高电压与绝缘技术的研究对象是什么?

5.2 一般在封闭组合电器中充 SF_6 气体的原因是什么?

5.3 同样间隙距离下,为何固体电介质击穿电压要比气体和液体电介质的击穿电压高?

5.4 电介质的电阻率为何随温度的上升而下降?

5.5 为什么在发生电弧或闪电现象时,能看见非常强烈的光?

5.6 用来解释气体间隙击穿的理论是什么? 它们之间有何异同?

5.7 导致绝缘子发生污闪的主要因素有哪些？

5.8 为何要定期检查电气设备的绝缘状况？检查电气设备绝缘状况的常见试验有哪些？

5.9 用于雷电防护的装置有哪些？它们的作用是否相同？

5.10 为什么在智能电网建设中要强调对电气设备的在线监测？

5.11 针对变压器局部放电有哪些检测方法？

参考文献

[1] 孙元章,李裕能. 走进电世界——电气工程与自动化(专业)概论[M]. 北京:中国电力出版社,2013.

[2] 肖登明. 电气工程概论[M]. 2 版. 北京:中国电力出版社,2013.

[3] 白玉明. 电气工程及其自动化工程概论[M]. 北京:机械工业出版社,2011.

[4] 李益民,刘小春. 电机与电气控制[M]. 北京:高等教育出版社,2006.

[5] 范瑜. 电气工程概论[M]. 3 版. 北京:高等教育出版社,2021.

[6] 边春元,宋崇辉. 电力电子技术[M]. 北京:人民邮电出版社,2012.

[7] 林云,管春. 电力电子技术[M]. 北京:人民邮电出版社,2012.

[8] 李春茂. 电子技术基础(电工学Ⅱ)[M]. 北京:机械工业出版社,2009.

[9] 王云亮. 电力电子技术[M]. 2 版. 北京:电子工业出版社,2012.

[10] 陈伯实. 电力拖动自动控制系统-运动控制系统[M]. 3 版. 北京:机械工业出版社,2008.

[11] 范国伟. 电机原理与电力拖动[M]. 北京:人民邮电出版社,2012.

[12] 张爱玲,李岚,梅丽凤. 电力拖动与控制[M]. 北京:机械工业出版社,2010.

[13] 李志民. 电气工程概论[M]. 北京:电子工业出版社,2011.

[14] 马永祥. 高电压技术[M]. 北京:北京大学出版社,2009.

[15] 肖艳萍. 发电厂变电站电气设备[M]. 北京:中国电力出版社,2010.

[16] 熊银信. 发电厂电气部分[M]. 4 版. 北京:中国电力出版社,2010.

[17] 温步瀛. 电气工程基础[M]. 北京:中国电力出版社,2010.

[18] 许珉,杨宛辉,孙丰奇. 发电厂电气主系统[M]. 北京:机械工业出版社,2007.

［19］田土豪,周伟. 水利水电工程概论［M］.3 版. 北京:中国电力出版社,2010.

［20］邢运民,陶永红. 现代能源与发电技术［M］. 西安:西安电子科技大学出版社,2007.

［21］刘爱群,廖可兵. 电气安全技术［M］. 徐州:中国矿业大学出版社,2014.

［22］林福昌. 高电压工程［M］. 北京:中国电力出版社,2006.

［23］周泽存. 高电压技术［M］.3 版. 北京:中国电力出版社,2007.

［24］刘振亚. 特高压电网［M］. 北京:中国经济出版社,2005.

［25］伍家洁. 高电压技术［M］. 北京:中国电力出版社,2012.

［26］宋跃强,杜伯学. 环保型生物可降解绝缘材料的研究［J］. 绝缘材料,2007,40(2):38-40.

［27］卢春莲,付强. 耐高压绝缘材料的研究现状及进展［J］. 绝缘材料,2010,43(3):32-37.

［28］杨正理,王祥傲,叶彩霞. 电力工程基础及案例教程［M］. 西安:西北工业大学出版社,2019.

［29］唐炬. 高电压工程基础［M］.2 版. 北京:中国电力出版社,2018.

［30］林孔元,王萍. 电气工程概论［M］.2 版. 北京:高等教育出版社,2019.